国家"十二五"科技支撑计划课题

《城镇住宅建设 BIM 技术研究及其产业化应用示范》

The Owner How To Use BIM

住宅建设 BIM 资源库建设　BIM 管控流程应用　BIM 数据传递标准　应用示范案例

信息化时代下　新型城镇化住宅建设新模式

业主方怎样用 BIM？

城镇住宅建设全产业链开发模型研究及技术应用示范

中国中建地产有限公司课题组　著

课题负责人　贾卫东

中国建筑工业出版社

图书在版编目（CIP）数据

业主方怎样用 BIM？城镇住宅建设全产业链开发模型研究及技术应用示范/中国中建地产有限公司课题组著. —北京：中国建筑工业出版社，2015.12

ISBN 978-7-112-18658-7

Ⅰ.①业… Ⅱ.①中… Ⅲ.①建筑设计 – 计算机辅助设计 – 应用软件 – 指南 Ⅳ.①TU201.4-62

中国版本图书馆 CIP 数据核字（2015）第 259510 号

责任编辑：费海玲　张幼平
责任设计：李志立
责任校对：关　健　姜小莲

业主方怎样用 BIM？

城镇住宅建设全产业链开发模型研究及技术应用示范

中国中建地产有限公司课题组　著

课题负责人　贾卫东

*

中国建筑工业出版社出版、发行（北京西郊百万庄）

各地新华书店、建筑书店经销

北京楠竹文化发展有限公司制版

北京鹏润伟业印刷有限公司印刷

*

开本：787×960 毫米　1/16　印张：19½　字数：278 千字

2016 年 3 月第一版　　2016 年 3 月第一次印刷

定价：**56.00** 元

ISBN 978-7-112-18658-7

（27954）

统稿编辑人员

贾卫东　徐　斌　孔永强　邱　頔　王红强

参与撰稿人员（按姓氏笔画排序）

万曲经	于吉鹏	王　海	王文琳	包娟娟	闫　芳
朱庆涛	朱小琴	陈永伟	何朱意	苏　婧	李保卫
李立丰	李　涛	邱　盾	吴克辛	吴　伟	吴　峥
张瀚元	张　凯	杨恢江	杨　彤	金宝坤	林　炜
姚守俨	高　波	唐一文	鲁小雁	慕　笛	薛　峰

序　言

　　新型城镇化是中国今后十年经济发展的重要引擎。传统的城镇住宅建设行业管理方法和技术手段，已经无法满足如此大规模建设的需求。如何提高全行业生产管理效率，提升住宅产品开发品质，降低能耗和低碳环保是当前城镇住宅建设行业发展的重要问题。

　　以 BIM（Building Information Model）为代表的建筑信息模型技术，为我国城镇住宅建设行业带来新的工具与方法。城镇住宅建设方（也就是业主方）以投资建设项目为平台，以 BIM 为技术手段，进行业务流程再造，进而开发基于 BIM 的住宅工程项目管理系统，并加以认真贯彻实施，必将提升管理效率、降低工程成本，从而促使精细化管理水平提高。

　　国家"十二五"期间，由中国建筑股份有限公司、清华大学等单位牵头的国家"十二五"科技支撑计划课题"城镇住宅建设 BIM 技术研究及其产业化应用示范"顺利完成。作为子课题承担单位，中建地产围绕城镇住宅建设全产业链开发建设中存在的各种问题，通过在实际建设项目中 BIM 技术应用示范数据，论证 BIM 技术在城镇住宅建设过程中的可实施性和规律性，探索城镇住宅建设行业发展的新思路与新方法。

　　应该说，这本书就是他们辛勤工作、努力实践的一个真实记录。希望能对推进我国住宅建设基于 BIM 的绿色建造和信息化施工有所裨益，对各位同仁工作有所帮助。

肖绪文院士

2016. 2. 29

引　言

贾卫东

一、BIM 技术是实现弯道超车的有力工具

随着国家对房地产市场调控的深入，中国城镇住宅建设行业进入了"转方式、调结构"的历史新时期，各企业之间的产品开发技术竞争正在向"低碳化"、"标准化"和"数字化"三个方面转变。

要解决好这个问题，城镇住宅建设绿色建筑产品产业化是发展的方向，而 BIM 技术是实现弯道超车的有力工具。

中国中建地产有限公司（以下简称中建地产）的 BIM 技术应用研究就是在这个背景下展开的。核心是绿色建筑产品，途径是产品线标准化，手段是 BIM 数字化开发。

1. 绿色低碳产品成为城镇住宅建设企业竞争的关键点

绿色建筑产品开发所倡导的高舒适度和低碳环保等理念，已成为城镇住宅建设行业竞争的一个关键点。万科、万达等房地产企业提出，从 2012 年起，其所有居住建筑均要取得绿色建筑设计标识。在 2014 年的全国绿色节能大会上，住建部副部长仇保兴明确指出：2014 年起全国保障房将全面实施绿色建筑标准。

中建地产较早地进行了绿色建筑产品开发技术规划和研究储备。一方面从业主方的角度，积极汲取中建系统多年来在绿色技术研究方面积累的经验，在一个较高的平台上起步；另一方面，也充分利用中建系统"全产业链"的资源优势，从"产品开发"和"资源整合"的角度，积极探索绿色建筑产品开发关键技术应用和新的盈利模式。

2. 产品线标准化是实现绿色产品开发落地的重要手段

中国的城镇住宅建设企业目前开发正处于快速发展时期，各一线公司开

发技术力量不均衡，绿色建筑技术的推广和实施缺少落地的工具和手段，亟需通过产品线标准化工作来快速提高城镇住宅建设产品的质量和效率。

产品线标准化是城镇住宅建设企业进行大规模快速开发的基础，是实现城镇住宅产品"品质保障"和"价值创造"的有效手段。很多早期优秀的城镇住宅建设公司，就是通过战略导向下的标准化开发模式来完成其高速发展，真正在短期内实现"追赶和超越"的。

据统计，如果产品标准化率达到40%，就可以降低5%的产品开发成本，缩短2~3个月的开发周期，对产品利润的贡献率可达7%以上。

3. BIM技术是提升城镇住宅建设行业能力的有力工具

中国的城镇住宅建设产品开发正在从传统的粗放式管理向精细化管理升级，以BIM技术为基础的城镇住宅建设BIM技术应用将成为提升行业核心竞争力的有力武器。

城镇住宅建设BIM技术应用是围绕"绿色住宅产品标准化"和BIM"数字化移交"技术来开展的，其核心理念是在产品线标准化基础上，利用BIM技术来减少产品开发全过程中时间、能量和物质的浪费，在住宅产品开发全生命周期的所有环节中，实现产品开发信息在全产业链传递的一致性和有效性，具有参数化、可视化、模拟化的特点，是实施绿色住宅产品线标准化技术落地的一个有效工具。

新型城镇化对中国城镇住宅建设企业产品研发工作提出了挑战，也为企业科技创新和产品研发提供了良好机遇。城镇住宅建设绿色住宅产品BIM"数字化设计与开发"技术研究，为城镇住宅绿色产品开发的精细化管理提供"标准化"和"数字化"的方法与工具，是城镇住宅建设绿色产品开发的新技术模式，将为中国城镇住宅建设企业提供"不可复制的核心竞争力"。

城镇住宅建设是中建的五大核心业务板块之一，在全产业链纵向联合上有较强的资源优势。中建地产借助BIM数字化设计与开发技术，很好地把握城镇住宅建设行业技术发展先机，充分发挥了中建绿色建筑产业链最全的资源优势，快速树立起企业在城镇住宅建设行业中的竞争地位。

二、业主方才是推动BIM的主要力量

在中国城镇住宅建设产业链中，业主方才是真正推动BIM技术应用和发展的主要力量。

前不久，跟清华大学孙家广院士一起讨论 BIM 技术发展。孙院士是国家"十一五"的首席科学家，现在带领我们在做 BIM 方面的"十二五"国家科技支撑计划课题研究。他认为，BIM 最大的受益者是业主。在 BIM 应用中，真正能推动 BIM 发展的，不是设计院，也不是施工企业，而是业主方，是产业链上游的建设方，也就是我们所说的甲方。最好是中国建筑股份有限公司（以下简称中建）这样集城镇建设投资、房地产开发、规划设计、房屋施工和物业管理为一身，全产业链一体化联动的建筑房地产集团。

在中国，尽管最早接触 BIM 的是设计院，最早推动 BIM 的也是他们。但是，设计院是乙方，他们使用 BIM 是很被动的。设计任务书是业主方给的，设计费是业主方出的。设计院的愿望很好，甲方不理解，不用，就没人买单。

在发达国家和地区，尤其是美国，45% 以上的工程都是用 BIM 技术，那是因为他们的甲方有这样的要求。如日本、中国香港和新加坡，都是这样。中国香港房屋署用 BIM 在做最大的保障房建设，他们叫公屋，是委托我们中建的施工单位做的，各项指标都取得了良好的效果，是传统技术所很难做到的。

所以，真正推动 BIM 发展的是业主，是甲方。BIM 技术要在中国实现快速发展，光有设计院努力是不够的，必须调动起甲方，也就是开发商业主们，让他们尝到甜头，用起来才行；然后是政府主管部门，因为很多大项目的业主都是政府。

在 BIM 技术应用和发展中，解决好 BIM 技术落地问题，真正"能用、管用和好用"是关键。BIM 怎样才能有用？这就要求 BIM 技术要和城镇住宅建设企业和行业发展的需要紧紧地结合起来，能真正为企业的发展增加效益和创造价值。我们认为：只有甲方，也就是业主和建设方用了，BIM 技术才能真正得到推广和使用。

在"十二五"期间，中建在企业的科技大会上，首次提出了"数字中建"和"绿色中建"的科技创新目标，这是中建在践行科学发展观、转变发展方式方面的重要举措。这个"绿色"，就是指以节能减排为目标的绿色建筑技术的应用，这是中国建筑企业的责任和义务，也是行业未来发展的方向；这个"数字"就是指以 BIM 技术为代表的信息化技术在传统建设行业的应用。

现在，中建的设计板块 20% 的项目是在用 BIM，而且这个数字在逐年上升；中建的房建板块相继都成立了 BIM 技术部，奥运场馆和广州西塔等项目成功应用 BIM 技术，在激烈的市场竞争中成为业界竞相模仿的对象；中建的房地产板块在很多项目中从拿地开始就应用 BIM 技术来进行前期产品策划和管理。

中建第一次把 BIM 技术的应用，同企业的战略发展联系起来，赋予其明确的定位。我们认为，要达到"绿色中建、数字中建"的目标，关键要抓好两个核心：一是要充分利用好中建绿色建筑全产业链开发商的优势地位，二是要应用 BIM 技术搭建起绿色建筑产品开发"全产业链平台"，实现绿色建筑产品开发的精细化管理。

为此，中建组建了城镇综合建设业务板块，并利用这个业主方平台，打造具有中建特色的城镇住宅建设 BIM 技术应用研究体系。本书案例中的新疆幸福里项目就是探讨从主业方的角度应用 BIM 技术，成功解决了城镇住宅建设项目前期产品定位策划、成本限额设计、异地设计变更多等问题，在产品质量、进度、成本控制方面取得了很好效果，产品成功大卖，且获得了国家绿色建筑认证。

中建地产在业主方 BIM 技术应用方面的探索还仅仅是个开始，在城镇住宅建设全产业链 BIM 技术应用的很多方面应用，如后期物业管理等都还没有完全实现，还有待于后期工作的努力。

三、什么是业主方 BIM 技术应用

在城镇住宅建设中，业主方，也就是我们常称的甲方，一般都是房地产开发商或政府平台公司等。

我们习惯把设计院应用 BIM 叫"设计 BIM"，把施工企业应用 BIM 叫"施工 BIM"。相应的，我们把业主方应用 BIM 叫做"业主方 BIM"。

相较于传统的设计院或施工企业 BIM 技术应用而言，业主方 BIM 技术应用具有以下特点：

1. 以满足业主方全过程管控为核心。在城镇住宅建设过程中，作为项目投资主体，业主方对 BIM 应用进行统一规划，使得 BIM 技术能够通过数据流、管理流以及业务流三条线，贯穿住宅建设全过程的各阶段，贯穿于产品的全生命周期。应用 BIM 技术，业主方将虚拟建筑（BIM 模型）与过程信息和时间绑定，可以精确把控城镇住宅建设过程进度节点，达到"事前能模拟，事中要管控，事后可回逆"的精确化管理。

业主方 BIM 应用的核心价值在于 BIM 的管理价值，最终为业主方实现项目过程精细化管控，提供技术支持。其主要体现在：在设计阶段通过对住宅产品设计各环节 BIM 模型数据参数提取，对建筑设计空间和性能指标进行管控，从而实现业主方对住宅产品设计的管控；在施工阶段基于施工环节对施工质量、进度、安全关键节点模型数据提取，实现业主方对住宅产品建造全过程的 BIM 数据管控。

2. 以满足业主项目开发价值为目标。不同于设计 BIM 和施工 BIM，业主方是 BIM 应用的最大受益者，是 BIM 应用的动力源头。

城镇住宅建设各参与方的 BIM 应用满足的是各自业务技术诉求，解决的是设计和施工过程中的技术难题，并不能直接满足业主方对项目建设的具体诉求。业主方 BIM 必须满足业主方对住宅建设方面的一些要求，如前期产品策划、后期的物业管理等。如住宅建设后期物业管理服务的 BIM 应用实施，重点关注的是 BIM 模型的精度能否满足未来物业管理和运维的需求，这就需要业主方对设计、施工等参与方在建筑模型精度、功能空间划分等进行明确要求，业主方 BIM 应用才能真正发挥作用。

以实施计划为依据，以交付物为指标，业主方通过管理各方 BIM 实施计划，推进和监督各方的 BIM 实施，并将各方 BIM 实施的应用点成果作为项目考核的依据，进行 BIM 应用的实施管理。业主是 BIM 应用的提出者，以业主 BIM 实施价值为最终目标，统筹管理全局，进行统一规划安排，并最终落实在项目实施中。

3. 以信息管理平台为手段，使各阶段应用集成。传统项目管理平台，都不能很好地对 BIM 数据形成支持。现有 BIM 建模或工具软件都无法满足业主方 BIM 应用的需求。所以，业主方 BIM 应用价值真正实现，是以相关业主方 BIM 管理平台成熟为前提。业主方 BIM 应用核心在于数据传递与反馈，以现有管理流程、管理制度为依托，以 BIM 模型为管理数据依据，进行项目过程精细化管理。

在城镇住宅建设中，业主方作为产业链价值驱动者，必须统筹项目各阶段 BIM 应用实施。这样才既能满足参建各方对 BIM 应用的成果要求，又能避免 BIM 应用重复建模、数据不能流转等带来的资源浪费。另外，基于业主方统筹的 BIM 应用，还能满足业主对管控所需的建造过程数据诉求，实现一举多得的有利局面。

在城镇住宅建设中，业主方 BIM 应用需从源头抓起，以明确的合同条款、规范的实施标准来约束参建各方 BIM 应用实施行为。

1. 在招标阶段对 BIM 进行要求：通过招标条款明确要求 BIM 实施能力，从源头保证参与者的 BIM 实施能力。

2. 在合同中约定实施内容：通过合同条款明确各方实施应用价值点，以便管理与考核 BIM 实施成果，避免推诿扯皮，保障 BIM 应用价值实现。

3. 通过标准保障应用实施：通过建立规范的实施标准体系，规范各方实施动作，明确各方实施成果，保证最终实施价值。

4. 建立统一 BIM 数据平台：通过信息化平台，将各参与方的 BIM 实施成果，在统一平台上进行管理。通过协同工作，将 BIM 应用成果最大化。

四、中建地产的 BIM 技术应用示范研究

在城镇住宅建设中，中建地产的 BIM 技术应用示范研究，是围绕企业对绿色住宅产品开发的需求，结合国家"十二五"科技支撑计划课题"城镇住宅建设 BIM 技术研究及其产业化应用示范"来开展的。

这是从业主方角度进行的业主 BIM 应用研究，主要包括"产品线标准化"和"数字化移交"两项关键技术的研究。在城镇住宅建设中，业主方 BIM 技术使得绿色住宅产品开发工作有了"抓手"，可以更有效地进行施工、成本和进度控制，可以形成数字化的、可复制的绿色住宅产品开发核心竞争力，可以更好地发挥中建地产绿色住宅产品设计、建造和开发一体化的技术优势。

中建地产的 BIM 技术应用示范研究实现途径是采取自主创新研发和示范项目应用双轮驱动。"技术先行"、"样板先行"，按照"整合资源、建立平台、形成标准、示范推广"的原则，选择中建地产自己投资的项目，结合项目的需求和特点，从建立绿色产品开发技术应用示范项目开始，进行有针对性的技术研发和应用示范，边研发，边应用，边示范。

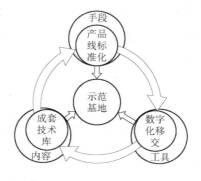

1. 整合资源　开展绿色住宅产品线标准化研究

中建地产的 BIM 技术应用示范研究首先是从住宅产品线标准化开始的，

共分两个阶段。

第一阶段 确定绿色住宅产品战略与产品线规划

根据企业的总体战略，制定出《中建地产绿色产品战略与产品线规划》方案。确定了产品体系模型，明确了各类项目的投资比例、数量比例、城市等级选择，以及不同产品系列的品牌名称。而且，在分析各类项目盈利模型的基础上，产品体系设计有利于促使企业实现产品体系的平衡，包括本地与异地项目、长线与短线项目、住宅与商业项目的结构平衡，继而实现现金流项目与高利润项目的结构平衡，以确保资金链安全。

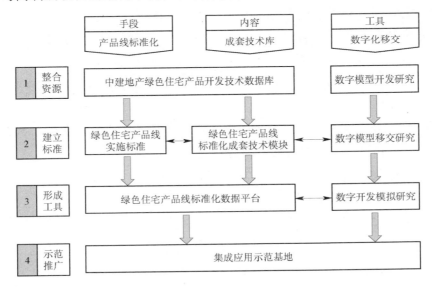

主要包括以下内容：

1）产品战略（总体战略）及战略目标；

2）产品理念、产品体系、产品结构、产品系列化与产品品牌；

3）产品标准化与产品线规划及标准化率目标；

4）产品实现（包括产品质量、成本等实现过程）。

第二阶段 进行中建地产绿色住宅产品标准化研究

按照"市场需求与企业资源、营销策划与产品策划、技术标准与实施标准""一体化"的原则，制定《中建地产绿色住宅产品标准策划方案》，最终形成产品标准，包括两大标准：产品技术标准和开发实施标准。

A. 产品技术标准

1）设计标准

2）部品标准：根据设计标准，确定各类材料、设备等 10 类部品的技术规格。

3）质量标准：形成企业的质量标准，包括工艺工法标准、毛坯房和精装房的产品交付标准。

4）成本标准：形成了 4 级科目、187 个成本费用子项的产品成本标准——类似于产品成本标准化定额，确保成本目标偏差率控制在 ±3% 以内。

其中，设计标准包括：

1）规划设计标准

2）建筑设计标准（包括标准户型、标准平面组合、标准立面图）

3）形象系统设计（包括标准化卖场设计、样板区设计、标识系统设计）

4）景观设计（包括边界景观、园区景观、屋顶花园景观等）

5）装修设计（按照不同造价、不同风格，分别形成标准设计图）

B. 开发实施标准

《产品线开发实施标准》就是根据《产品线技术标准》，明确产品线下项目开发实施过程中各项工作的工作标准。包括：

1）产品线项目的城市选择、项目规模与选址

2）项目获取模式、投资模式及风险控制

3）投资目标与开发计划（包括标准目标体系和标准化的计划基准）

4）项目启动（如何组建项目公司，如何进行工商注册，如何进行开始卖场和样板区施工，办公场所和宿舍的标准等，各项细节均一一明确）

5）项目设计模式（如何使用设计标准，如何进行设计创新等均作出明确规定）

6）工程建设模式、营销与招商模式、运营与物管模式。

为了解决绿色住宅产品线标准化工作"落地"问题，我们采取了几个具体措施：

1）在方法上，从企业的绿色产品战略研究入手，确定了绿色产品系列化、标准化的具体规划方案，形成了中建地产绿色产品线的技术标准和开发实施标准，从而保障企业能够实现产品连锁开发和复制。项目的绿色产品研发和创新是先导和基础。

2）在步骤上，我们坚持"先系列化、再模块化、后标准化"的原则。标准化工作要先系列化后标准化，"能标准的先标准、能模块的先模块"；同

时，标准化产品也需要在具体项目实施中不断修订和完善，并最终实现绿色产品研发、创新和产品标准化的良性循环。

3）在内容上，我们既有产品开发技术标准，也有产品开发实施标准。其中技术标准包括："设计"、"部品"、"建造"和"成本"四个模块；重点是设计模块，又细分为规划、户型、示范区、景观、装修等九个子模块。在房地产项目产品开发中，这些模块可以菜单式调用，将成为我们中建地产实现大规模快速开发的有力武器。

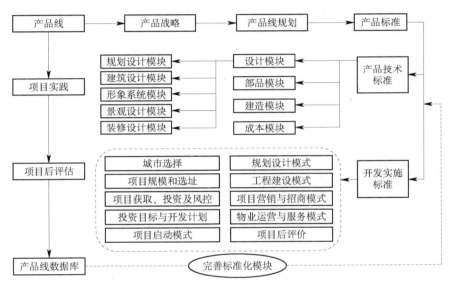

2. 建立平台　研发绿色住宅产品数字化移交技术

产品线标准化是城镇住宅建设企业实现快速扩大规模的有效方法。可是，随着城镇住宅建设开发的地域越来越多、项目越来越多、类型越来越多，产品开发仍然会出很多问题。

造成这种情况的一个重要原因，就是住宅建设各参与方缺少有效的信息传递手段。例如：产品线标准化虽然为各参与方提供了统一的接口，但主要还是要依靠纸质的图纸和文件来传递和存储信息，各参与方使用的是单一信息源，很难确保信息传递的准确性、完整性和一致性，在标准化过程中也很难及时得到反馈、监督和执行。研究表明，产品开发过程中80%的图纸和现场变更都是因为这个原因造成的。

中建地产提出的BIM"数字化移交"技术就是为了解决这一问题。这是业主方用建筑信息模型（BIM）技术来实现各参与方信息交流和共享的技术手段，从根本上解决各参与方基于纸介质方式进行信息交流的"断层"和"孤岛"，实现对产品开发各阶段的品质、成本和进度的精细化控制和管理。

　　"数字化移交技术"主要包括三个方面的内容：1. 建立数字开发模型；2. 进行数字模型移交；3. 数字开发模拟彩排。

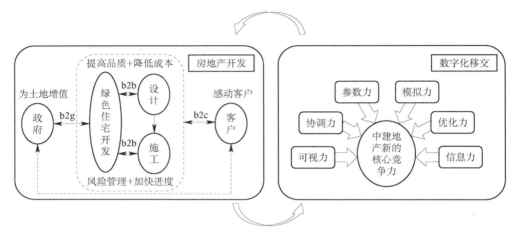

　　数字化移交的内容主要包括三维数字开发模型、二维施工图纸、设备清单、项目文档等。

　　要建立数字开发模型，设计单位的数字化设计是前提，开发商的产品线标准化工作是基础。首先是建立设计信息模型，这主要是由设计单位结合产品的前期规划设计工作来完成的；其次是建立开发信息模型，这主要是由开发商在设计信息模型的基础上深化完成的，包含品质、成本和进度等开发商所需要的很多信息。

　　我们可以把户型等产品线标准化模块全部都转换成数字模型。这些数字化的产品线标准化模块形成的库就是"产品开发数据库"；同时也包括项目开发数据库，就是我们产品的最终的设计成果。所有的数据库都是以数字开发模型形式存储的，同时也包含了大量格式的相关文档，例如图纸、计算书、物料清单等。这些模型数据信息是我们进行下一步数字化移交的基础。

　　数字化移交的形式可以通过互联网或者局域网直接访问数据库中的数据，并在网络界面中查看和提取所需的信息。全过程都有加密程序。

　　搭建数字开发模型只是一个开端，数字开发模型必须能够为开发商产品的全生命期管理提供其所需要的信息。在"数字开发数据库"的基础之上，我们仍然需要一个"数字化移交平台"来展示和提取模型的数据信息。通过这个平台，我们可以将产品标准化工作落实到日常的开发流程中，完成数字化移交前的内容准备和数字化移交后的数据利用，这是数字化移交的重要工作。

数字化移交平台使用的对象主要为：开发商、设计方和施工方。主要解决"移交什么""怎么移交""移交给谁"三个问题，产品开发参与的各方互取所需，互为所用。

通过数字化移交平台，产品开发可以实现可视化的监管方式、流程化的管理方式、透明化的交流方式，开发商和设计方、施工方都能够及时、透明、全面地掌握项目情况。主要表现在以下几个方面：

1）在给设计院下任务书时，可以把对产品相关的品质、成本和进度等设计要求沟通得更清楚明白；

2）在给施工队发标施工交底时可以更加直观地查看设计成果，并提取构件采购信息，进行施工的模拟，减少现场错误和变更；

3）在产品施工验收时能够更加专业、更加清晰、更加全面地查看成果；同时也可以随时查看工程的最新进度、了解最新的物料清单。

今后城镇住宅建设企业提供给设计院和施工图招标单位的，不再是简单的几页任务书或招标文件，而是完整的建筑信息模型文件，需要多少时间和成本一目了然，决策时清清楚楚。

有了"数字化移交数据平台"我们还需要开发一些工具软件，能够利用数字化开发模型对产品开发的全过程进行提前"模拟"。以往图纸中产品的问题只有在项目做完后才知道，无法实时准确地分析研究，现在则可以提前"彩排"，把问题在前期就呈现出来并解决掉。

例如：可以在产品的数字开发模型状态下提前模拟城镇住宅产品建设全过程，可以提前进行各种住宅产品性能（包括绿色技术指标）和经济分析和优化；完成基于多种产品类型下各种容积率指标多方案比选，包括对产品开发的成本估算、投资经济测算、进度计划安排等，实现在前期拿地时对住宅产品的快速决策和优化功能；此外，还在产品开发前期的研究阶段就真实准确反映产品的各种技术性能指标，并进行各种时间点或状态的模拟，使决策和管理更加精细化。

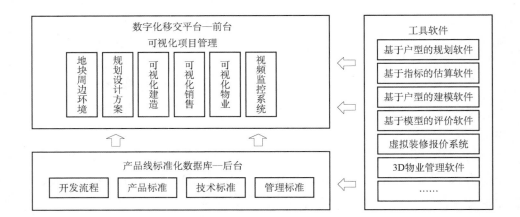

目　　录

第一章　绪　论

工业化与信息化是推动国民经济进步的重要动力，特别是信息化已经改变了人们的生活。建筑信息模型技术（Building Information Modeling，BIM）作为建筑行业信息化代表，正在深刻地影响着中国工程建筑行业的发展。伴随着 BIM 技术的不断深入应用，从政策管理层面来看，从中央管理机构到地方政府都在不断鼓励各方利用 BIM 技术进行产业升级；从产业发展层面来看，BIM 新技术运用已经带来建筑行业价值链条的再造革命。

住宅产业作为我国国民经济的支柱产业，在当前阶段面临诸多挑战，特别是中国住宅产业"黄金十年"结束，以高能耗、低效率、依靠政策获利为代表的产业发展模式，已经不能适应当前市场环境。

本书作为"十二五"国家科技支撑计划课题"城镇住宅建设 BIM 科技研究及其产业化应用示范"研究成果具体应用。通过 BIM 技术在住宅产业中的应用，必将带来住宅产业升级，解决住宅现阶段发展中遇到的问题。从地产开发视角，站在全产业链维度，梳理 BIM 应用价值，是本书主要探讨内容。下面将从 BIM 技术应用现状，特别是国内应用现状开始，结合 BIM 业主应用分析，梳理出住宅产业链中 BIM 技术应用场景，从而发现住宅产业中 BIM 应用脉络。

图 1-1
"十二五"
课题启动
会

图 1 - 2
"十二五"
课 题 示 范
工 程 检 查
会

1.1 BIM 发展现状及特点

1.1.1 BIM 发展现状

20 世纪 60 年代，计算机辅助设计 CAD 技术面世，随后在建筑界中得到广泛应用，实现了建筑产业与信息技术的初步融合。1975 年美国卡耐基梅隆大学教授 Charles Eastman 提出了面向建筑的三维模型描述技术，实现了对建筑工程的三维可视化表达、参数量化分析，从而带来了建筑工程质量与效率的提高，这代表建筑与信息技术的第二次融合。这次融合使得建筑信息模型技术走上了历史舞台。2002 年，美国建筑师协会资深建筑师 Jerry Laiserin 将该项技术以 BIM 的名称进行推广，并得到业界的一致认可。2007 年，美国建筑科学研究院发布美国国家 BIM 标准（简称 NBIMS）。

2003 年，BIM 技术已经在国内展开理论与技术研究和应用。进入 21 世纪后，BIM 技术在国内得到了快速发展，2010 年清华大学 BIM 课题组基于美国 NBIMS 标准，提出了面向中国国情的建筑信息模型标准框架（Chinese Building Information Modeling Standard，简称 CBIMS），并且创造性地将该标准框架分为面向 IT 的技术标准与面向用户的实施标准。

2012 年 1 月，住房城乡建设部"关于印发 2012 年工程建设标准规范制订修订计划的通知"，宣告 BIM 国家标准的正式开始制定。该标准体系共包括 5 部分：《建筑工程信息模型应用统一

标准》、《建筑工程信息模型存储标准》、《建筑工程设计信息模型
交付标准》、《建筑工程设计信息模型分类和编码标准》、《制造工
业工程设计信息模型应用标准》。上述标准的制定、完善和发布，
必将全面推动 BIM 技术在国内建筑产业中的应用发展。

图 1-3
清 华 大 学
CBIMS 标
准丛书

2014 年 10 月 29 日，上海市政府发布推进建筑信息模型技术
应用指导意见通知，指出，自 2017 年起，上海市投资额超过 1 亿
元或单体建筑面积 2 万 m² 以上的政府投资工程、大型公共建筑、
市重大工程，以及申报绿色建筑、市级和国家级优秀勘察设计、
施工等奖项的工程，须全面应用 BIM 技术。指导意见在上海的实
施，必将带动上海本地 BIM 技术在建筑产业中的应用普及，从而
影响并推动全国 BIM 实施进程。

2015 年 5 月 4 日，深圳市建筑工务署发布《深圳市建筑工务
署政府公共工程 BIM 应用实施纲要》，该纲要是国内首个面向政
府公共工程的 BIM 实施纲要，指出了未来深圳市政府公共工程建
设中 BIM 技术的应用方向，对全国其他城市政府公共工程类项目
BIM 应用规划具有积极的借鉴意义。

2015 年 6 月 16 日，住房城乡建设部印发关于推进建筑信息
模型应用指导意见，从中央角度指出了未来 BIM 技术的研究及应

用方向。该指导意见提出，到 2020 年末，以国有资金投资为主的大中型建筑、申报绿色建筑的公共建筑和绿色生态示范小区等项目在勘察设计、施工、运营维护中，集成应用 BIM 的项目比率达到 90%。

上海市人民政府办公厅文件

沪府办发〔2014〕58 号

上海市人民政府办公厅转发市建设管理委关于在本市推进建筑信息模型技术应用指导意见的通知

各区、县人民政府，市政府各委、办、局：
　　市建设管理委《关于在本市推进建筑信息模型技术应用的指导意见》已经市政府同意，现转发给你们，请认真按照执行。

图 1-4
上海市推进建筑信息模型技术应用指导意见

从中央管理机构到地方政府，都在抓紧推进 BIM 技术在工程建设行业的应用。近年来，在实际工程项目应用中，BIM 技术已经全面开花，并结出了丰硕的 BIM 实施应用成果。以北京地标中国尊、深圳地标平安金融中心为代表的超高层建筑，BIM 得到充分应用，实施效果显著。

北京中国尊项目位于中国朝阳区 CBD 核心地块，占地约 1.1 万 m²，建筑高度 528m，地上 108 层，地下 7 层，2013 年 7 月 29 日开工，预计 2018 年 9 月 30 日完工。该项目创造了北京建筑业中楼最高、坑最深、场地最狭窄、交通最复杂、一次性底板浇筑体系最大等众多第一。中国尊项目作为北京新地标，从设计到施工、运营维护，面临众多技术挑战。项目管理方充分认识到 BIM 技术在超高层建筑中的意义，项目伊始即搭建了完善的 BIM 实施团队，建立了一整套 BIM 项目实施标准，实现从设计到施工，包括建筑、结构、机电全专业的 BIM 技术应用。运用 BIM 技术，有效解决了设计中的错漏碰缺,提高了设计品质。在施工中,通过 BIM 技术解决了施工难题,在管理中运用 BIM 模型实现了精细化过程管控,更为后期业主运营维护打下了坚实基础。

图 1-5
住建部印发推动建筑信息模型指导意见通知

图 1-6
中国尊建设效果图

深圳平安国际金融中心位于深圳福田中心区，项目建筑主体高度 600m，占地面积 18931m²，总建筑面积 46 万 m²。塔楼层数 118 层，地下 5 层。2009 年 8 月动工，预计 2016 年 6 月完工。

深圳平安中心作为深圳新地标、国内在建第一高楼，在建造过程中面临诸多技术挑战。在深化设计、虚拟建造、预制加工、工程项目管理等方向深入运用 BIM 技术，解决了平安中心建设过程中诸多问题，体现了 BIM 实际落地的应用价值。

不仅是在城市地标等超高层复杂建造项目中，BIM 得到深入应用，在相对技术成熟、技术要求不高的住宅产业中，BIM 技术也得到了广泛应用。如地产龙头万科通过近几年不断应用 BIM 技术，总结了一套 BIM 应用方法和实施成果，具体体现在以下方面：

图 1-7
深圳平安中心效果图

（1）测算 BIM 精确收益。万科通过多个项目 BIM 实施，总结出 BIM 为业主带来的实际可衡量经济价值。如常见的设计变更中的典型支模，坡道平台与结构墙发生碰撞，导致平台净高不足，如果变更设计，在设计阶段增加的成本可以给出明确工时数字，从而折算成具体数值。此外，万科集团还统计出常见的碰撞错误导致的成本，从 800 元到 5000 元不等，再结合具体的碰撞数量，得出 BIM 带来的直接经济价值。

（2）利用 BIM 进行室内装修精确设计管控。万科作为住宅开发商，对室内装修有较高要求，引入 BIM 技术，避免了传统图纸中的漏画、错画等问题，解决了施工图冲突问题，可进行设计参数优化，让装饰比例关系更为协调。

（3）精确的成本管控。利用 BIM 模型，结合国内常见算量工具软件数据，实现对数据精准管控，从而降低成本风险，特别是利用 BIM 模型快速出量，解决算量难、算量慢问题，为万科成本管控提供科学成本数据。

1.1.2 BIM 技术特点

BIM 技术作为建筑信息化的载体，打通了项目管理各环节——从管理到技术、从设计到运营各阶段的数据关系。项目过程中的各种数据信息汇集于模型一身，通过模型载体，融合建筑几何表达信息、工程过程管理信息，以中心数据库存储管理方式，实现数据的存储、流通与分享，方便各参与方及时获取所需项目实时信息，并及时反馈项目进展，提高项目协同性，加强项目过程管控，管理手段的提升带来建筑品质的提高。

BIM 模型技术不仅可实现建筑实体与信息模型在信息世界中的"虚拟"映射，更可通过建筑构件预制加工、3D 打印等技术，实现"虚拟建筑"直接输出。

同时，通过 BIM 模型技术，在设计环节可以进行建筑绿色分析、设计方案比选等，提高设计品质；施工环节，可以管控施工变更，管理施工进度，统计施工算量，提高施工品质。基于以上特点，BIM 技术对整体建筑品质提升具有重要意义，其主要具有以下鲜明特色：

（1）协同性。通过 BIM 数据管理平台，利用中心数据库方式，将 BIM 模型数据通过数据库进行集中管理，项目各参与方可充分使用项目工程数据，包括建筑本身几何数据、工程建造过程数据、运维信息数据等。通过平台数据，根据项目进展进行数据确认和更新，实现各参与方数据共享、协同工作。

（2）模拟性。通过工具软件，利用 BIM 数据，结合计算机算法，对设计中各项设计指标应用场景进行模拟，如日照模拟、人流量模拟等。同时，可以对施工过程进行模拟，如基于进度与成本数据的建筑 5D 模拟。通过模拟，可及时发现潜在问题，及时纠偏，从而提高工程项目品质，避免工程损失。

（3）可视化。通过将设计模型、施工模型统一进行轻量化处理，可以实现参建各方方便浏览模型信息，特别是在设计协调、招投标阶段，以及施工指导方面具有重大意义。BIM 技术是图纸二维抽象信息描述向真实三维再现技术的回归，更利于多用户协同场景下可视化应用需求。如利用可视化技术，在设计协调中，对设计方案进行比选，通过可视化比对，方案优劣立见，简单直观，具有传统技术需要大量准备工作、利用多种表达手段所不具备的优势。另外，BIM 模型技术如实表达了建筑施工过程，对于施工进度、变更等的管理相对传统参数化的管理手段更加直观方便。特别是在施工现场，重难点施工工艺，通过可视化方式，让即使不会使用二维图纸的建筑工人，也能快速上手，领悟施工工艺方法，大大提高施工效率。

BIM 作为全生命周期的数据管理载体，它不仅能使工程建设更快、更精确，还可以带来品质更高、建造成本更低、更绿色环保的新型建造模式。作为黄金时代已经不再的住宅产业来说，房地产已步入相对饱和的缓慢发展阶段，市场竞争也愈加激烈，如何生存成为住宅开发企业头等大事。BIM 技术在住宅产业中的应用，必然带来产业价值链的重新打造。从业主角度出发，以各参与方价值链重新构建为契机，BIM 落地如何为业主带来更大价值，是住宅开发企业摆脱当前困境需要思考的重要问题。

1.2 业主 BIM 应用分析

业主作为项目的发起者和负责人，其职责贯穿工程的整个生命周期。业主是项目管理 BIM 技术应用的最大受益者，也是 BIM 推广动力源头。业主 BIM 的应用是全生命周期应用，在当前阶段，业主作为 BIM 应用主要投资者，是推动 BIM 落地实现应用价值的根本动力。

站在业主角度考虑，BIM 投资仅占工程项目整体投资的很小一部分，却能给整个项目带来明显的收益。从建筑设计源头，利用 BIM 技术改善设计质量，可从根本上保障项目品质和安全。从施工过程上，利用 BIM 技术提高施工效率和现场管理水平，可为保障项目顺利竣工打下基础。从运维上，利用 BIM 技术，将为最终建筑使用方带来几十年的建筑运营维护的便利。

业主 BIM 不同于设计 BIM、施工 BIM 和单纯的运维 BIM，它是以业主价值为导向，面向建造过程实施精细化管理，以建筑品质提升为最终目标。业主 BIM 相对传统 BIM 应用特点体现在以下方面：

（1）以项目管控为核心，具体技术应用为辅助的 BIM 实施。在现有设计 BIM、施工 BIM 运用中，主要强调利用 BIM 技术的可视化、参数化特性，如设计环节利用 BIM 模型进行多专业综合，在施工环节进行施工模拟等。以上 BIM 技术应用价值基于 BIM 模型本身的建筑业务技术特性，依靠计算机图形学或信息技术，进行分析、计算，通过将模型测试和模拟成果，应用于实际工程中，为相关参与方带来价值。

而业主 BIM，核心不在于自身利用 BIM 的技术应用价值，而是利用 BIM 的管理价值，为最终实现项目过程精细化管控提供技术支持。其主要体现在：在设计环节对设计指标的管控，通过模型数据参数提取，从业主管理角度进行建筑设计管理（特别是对净空高、建筑功能空间等关键用户需求设计关键参数），确保产品符合项目初衷和定位，从而实现对建筑设计的管控；在施工环节对施工质量、进度、安全关键节点进行把控，如基于施工质量检验批为粒度的模型数据提取，实现施工全过程 BIM 数据管控。通过对设计、施工环节的把控，利用 BIM 技术，保障项目顺利实施，最终实现业主建筑开发意图。

（2）以实施计划为依据，以交付物为指标。业主 BIM 统筹管理全局 BIM，工程项目各参建方都以业主 BIM 实施价值为最终实现目标，进行统一规划安排。业主是 BIM 应用的提出者，根据 BIM 应用价值点，各参建方进一步实施规划，并最终落实在项目实施中。

业主方通过管理各方 BIM 实施计划，推进和监督各方的 BIM 实施，并将各方 BIM 实施的应用点成果作为项目考核的依据，进行 BIM 实施管理。

（3）以信息管理平台为手段，强化过程管理。单纯技术的 BIM 应用，核心是模型数据应用，以美国欧特克公司 Revit 产品为代表的建模软件，利用配套的工具软件，已经能满足现有技术 BIM 应用需求。而 BIM 管控核心是数据传递与反馈，以现有管理流程、管理制度为依托，以 BIM 模型为管理数据依据进行项目过程管理。所以，现有 BIM 建模或工具软件都无法满足业主 BIM 应用实施要求。而传统项目管理平台，又不能很好地对 BIM 数据进行支持，所以，业主 BIM 应用价值的真正实现，是以相关业主 BIM 管理平台成熟为前提的。

业主是唯一贯穿于这些生命阶段的建设参与方，其管理工作在各个阶段对 BIM 技术的使用都有不同的侧重，具体体现在如下阶段：

（1）策划决策阶段

在项目早期阶段，利用 BIM 可视化与参数化特性，为项目的早期决策提供可视化、精确数据支持。BIM 主要职责是帮助业主把握好项目计划和市场之间的关系，为项目可行性研究提供技术支持。通过 BIM 技术，可以实现对项目选址地形地貌的详尽分析，掌握全面的地质信息，通过模型的可视化，方便业主制定适合的建设方案，确定建筑物的具体建设面积、高度等信息；同时利用相关分析软件，对建筑物进行日照、绿色等性能指标分析，为主体的决策提供参考。在项目立项之初，BIM 模型还可以涵盖相关的经济信息，横向对比类似潜在竞品项目，为业主提供面向市场策划的信息支持。

（2）设计阶段

BIM 是贯穿建筑生命期全过程的信息集合，业主主导 BIM 的运用，可以从决策阶段引入使用，一直持续到运维甚至拆除阶段，在整个生命周期内不断地产生信息的流入和变更，但核心模型创建是从设计阶段开始的。在此阶段，规划期生成的数据和所作的决策在设计阶段得到表达和实现。依据方案要求建立设计主体模型，随着方案推敲与设计进程延伸，数据不断细化和扩展。BIM 技术是一种直观形象的沟通手段，实现了业主与设计方之间的有效沟通，使得双方能更加直接地了解彼此对建筑设计的认知；BIM 技术是一种精确参数化表达手段，模型包括设计过程全面信息，如设计局部修改时，BIM 模型采用参数化联动方式，实现所有相关设计中的同步修改，有效提高了设计效率及设计质量；BIM 模型是一种设计过程表达手段，模型作为载体，可以对设计过程信息进行记录，实现设计版本管理，并通过同一模型设计版本的过程演化，动态比对设计前后数据变化，实现方案比较与选择。

（3）施工阶段

施工阶段是将设计虚拟信息转换为建筑真实实体的关键环节，也是整个项目管理工作最复杂的阶段，该阶段主要实现对项目进度管理、质量保障、投资控制的管控。

在进度控制方面，业主运用 BIM 技术在两个维度实施管控。首先，采用 BIM 具体技术进行施工深化，优化相关施工措施、方法，避免各专业错漏碰缺，从源头降低施工变更，保障按照预计进度推进。其次，采用 BIM 技术对施工过程进行精细化管控，依托 BIM 模型，加入进度管理信息，实时监控施工进度信息，通过模型信息反馈实际施工进度，以管理流程再造与管理制度优化来提升现场施工管理水平，从管理角度保障施工进度。

在投资控制方面，业主运用 BIM 技术将大大简化原有的造价管理流程，提高工程量计算等繁琐工作的效率。从传统耗时耗力的算量管理，到以 BIM 模型实时出工程量，并可根据国标清单，出相关定额，在投资维度为业主工程过程管理，提供数据支撑。结合 BIM 可视化特性，通过模型挂接进度与算量信息，可真实模拟以时间进度为基准线的施工过程投资信息变化，从投资合约角度，提供了管控各方的新手段，增加了业主管理话语权。如在设计、施工变更时，业主将不再一味被动接受，而是可依据 BIM 模型做到有据可依、清晰明了，从而实现投资有效控制。

在质量控制方面，业主运用 BIM 技术将有效发挥传统质量管理方法的潜力：利用 BIM 可视化与参数化特性，对潜在质量问题，可先行进行模拟，并可进行管控，杜绝质量潜在隐患。另外，通过将施工过程中的质量管理信息与模型关联，质量管理粒度可细化到质量检验批，将质量检验批数据与具体构件信息挂接，实现直观可视化的质量管理，BIM 技术帮助业主切实做到质量管控，帮助业主提升建筑品质。

（4）运维阶段

经过前三阶段的建设，建筑物竣工交付向业主进行建筑实体移交，BIM 模型作为竣工成果，与实体建筑一并进行移交。不管是自持有物业的业主，还是后续引入的第三方物业公司，均可基于现有 BIM 模型进行基本的运维深化，将施工模型添加必要运维信息转变为运维模型。通过信息管理平台对运维模型的管理，实现对建筑的空间、设施、设备、资产的综合管理。其中，重点围绕复杂机电设备的维护维修，空间设施的分配，以及应急方案预演。可视化特点，使 BIM 较传统的表格、表单方式的物业管理更为快捷高效；另外，BIM 数据更为丰富，可以直接定位构件信息，大大提高维修维护效率。

1.3　BIM 技术在住宅产业中的应用分析

1.3.1　BIM 在住宅全产业链中的应用概述

住宅产业根据住宅产业链开发理论，主要包括住宅投资、标准化设计、市场销售、工厂预制加工、施工建造、运营管理等参与方。通过 BIM 在住宅产业链条中的技术实施路线，建立住宅开发过程中标准体系，以 BIM 数据信息管理平台作为支撑工具，以课题应用示范为验证指导，重点实现基于 BIM 模型各阶段、不同参与方规范的"数字化移交"。本书重点探讨以住宅投资开发为龙头，通过在设计、营销、建造、运营重点环节的 BIM 应用示范实施，论证 BIM 在全产业链中的应用价值。

各环节重点 BIM 应用见表 1-1。其涵盖了住宅开发过程中的 6 大阶段、6 大主要产业链参与方、17 个 BIM 应用价值点，全面基于 BIM 信息传递标准，进行"数字化移交"流程实施。下面将围绕以管控为目标的整体 BIM 实施应用流程梳理与再造，各实施过程中信息传递标准制定展开。

产业链开 BIM 应用价值总览　　　　　表 1-1

序号	阶段划分	阶段描述	基本应用	产业链
1	前期策划阶段	通过可行性研究，以方案比选方式，确定所在项目选址、建设方案、选购设备、进度计价等关键指标，进行科学决策，降低方案实施风险	BIM 多方案比选	投资开发方
2			BIM 方案参数化模拟	
3	规划设计阶段	规划设计是住宅开发由方案计划变为实际工程的重要阶段，通过对方案的深化，根据设计原则、标准，确定合理的经济指标，并结合施工、预算、设备等确定施工中的技术措施、工艺做法、用料等问题	BIM 设计碰撞检查	设计方
4			BIM 绿色能耗分析	
5	招投标阶段	住宅开发设计中，需要通过产业链的上下游合作进行。招投标阶段，通过建筑设计、工程施工、设备采购等的多方合作，具体采用招投标方式，目的是保证项目质量，降低采购成本	BIM 招投标	相关方
6			BIM 招投标算量	
7	营销推广阶段	营销推广阶段是住宅开发的关键环节，是产业链中住宅产品价值变现的主要方式。以市场营销手段，使住宅产品让消费者接受，实现商品价值	BIM 三维场景真实感体验	最终用户
8	施工建造阶段	本阶段是通过施工准备，使工程具备开工条件，建立必需的施工组织、施工技术和施工物质条件以进行施工，按照施工方案要求完成项目建造，在过程中，进行统筹调度、监控施工资源调度	BIM 施工深化管理	施工方
9			BIM 施工优化管理	
10			BIM 施工模拟管理	
11			BIM 施工交底管理	
12			BIM 施工进度管理	
13			BIM 施工资金管理	
14			BIM 施工质量管理	
15			BIM 施工安全管理	
16	交付运维阶段	本阶段是通过将与工程一块移交的 BIM 模型数据，按照运维要求深化为运维模型，管理设施设备，保证建筑项目的功能，性能按照建筑运行要求正常工作。其主要包括实施设备的运营、空间管理，以及其他住宅公共设施的维护等	BIM 竣工交付模型数据移交	运维方
17			用户 BIM 机电设备运维管理	

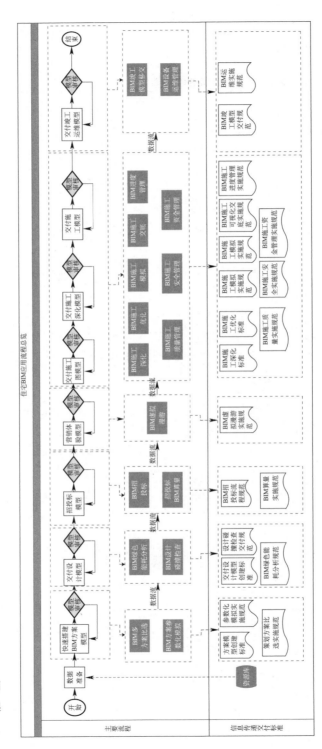

图 1 - 8

整 体 应 用

价 值 框 架

图

1.3.2 BIM 在住宅全产业链中实施过程管理

本节将主要围绕实施过程中的资源建设、流程管控与数据传递标准展开详述。上述内容是基于 CBIMS 理论体系，在 BIM 实施过程中所需要的资源、行为、交付三者在住宅开发 BIM 实施过程中的具体映射。具体内容如下：

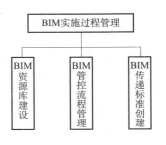

图 1 - 9
实施过程
管理框架
图

一、BIM 实施资源库建设

BIM 资源库是建筑企业或项目长期实施过程中，积累并经过加工处理形成的可供后续项目重复使用的 BIM 资源。BIM 资源库作为 BIM 基础设施，是 BIM 技术在住宅开发过程中实现 BIM 实施价值的前提。本课题 BIM 资源库包括 BIM 构件库、功能空间库、户型库、标准层模型库、单体模型库。以上资源库从建筑设计精度粒度粗细进行划分，可根据不同项目，选择不同粒度资源进行模型快速搭建、验证方案。下面将重点围绕上述资源库建设目的、原则方法、资源内容进行阐述。

资源库创建目的

1. 降低成本，重复利用

通过信息资源复用，形成数字资产，并以资产作为生产资料，将大大降低住宅开发过程中的模型创建成本。同时，通过资源基础信息共享，促进整体信息流转和数据重用。特别是面向规模化、重复性生产的住宅开发企业，可充分利用资源正确无错、可复用优势，降低开发成本，提高工作效率。

2. 数据分类，有效管理

资源库依托信息平台，可实现资源的集中存储、快速检索、多方重用。为了使资源库能被有效管理，后期数据得到充分运用，需要建立明确的数据分类与编码体系。信息分类是根据信息内容的属性或特征，将信息按照一定的原则和方法进行区分和归类，并建立起一定的分类系统和排列顺序，以便管理和使用。信息编码是在信息分类的基础上，给信息对象赋予一定规律性的、易于计算机和人识别与处理的符号，形成信息代码。

建筑信息分类体系是对建筑领域的各种信息进行系统化、标准化、规范化的组织，为建设项目的各个参与方提供一种信息交流的一致语言，为建筑信息的管理和数据的积累利用提供统一的框架，同时为建筑应用软件的集成化提供一个共同的基础。

资源库创建基本原则

资源管理的原则就是对资源组织结构、资源检索和数据重用的有效控制。

（1）信息的组织结构与内容

必须对信息内容形式经过统一和规范。同时，对入库信息进行完整性规范检查，根据资料归档标准对归档文件进行审核。

（2）资源检索控制

对于任何需要归入资源库的资源，都应进行加工与审核，保证对资源库中对应资源的内容、深度、命名规则、分类方法、数据格式、属性信息、版本及存储方式等方面进行管理，以便计算机能够识别、存储和检索。

（3）资源重用控制

资源库需要建立相应的权限管理机制，以便进行资源的安全控制，让需要资源的人以正确方式获取所需资源，避免资源的损坏和不正确利用。对资源库进行访问、检索、下载、上传等操作时，根据管理人员的分配权限，用户进行资源的操作利用。

二、BIM 管控流程管理

BIM 技术提供了统一的数据表达方式。BIM 较传统二维图纸时代最大革新就是基于中心节点的数据共享和传递，可在专业内部、不同专业之间以及不同阶段实现数据共享。基于中心数据库的数据共享与传递，可实现各种信息应用。其中基于现有业务流程的工作协同，是 BIM 技术对建筑产业的重要贡献。

住宅开发 BIM 实施的重要内容，是以 BIM 技术结合现有建筑建造过程业务流程，结合项目管理手段与方法，实现以业主管控为目的的 BIM 实施。基于全产业链的住宅开发体系，包括多个参与方与环节，既有各方内部的 BIM 实施流程，也有多方协同的 BIM 实施流程。作为开发的牵头方，住宅全产业链的龙头，是统筹和推动 BIM 实施的核心关键。所以，本节重点关注基于开发方的 BIM 管控流程梳理与再造，具体内容如下：

（1）业务流程是指针对业务过程一系列建筑业务可度量的活动集合及其相互关系，如施工深化阶段的业务流程通常包括施工图模型深化、施工优化、模型审核、施工交底等相互关联的多个活动及步骤。

（2）建筑业务活动中，业务过程中具体活动包括建模、分析、审核、归档、应用等。

（3）业务协同是指针对专业内、专业间或不同参与方业务活动之间的协调和共享的过程，如设计过程中协同设计、施工过程中多方协调会等。

三、BIM 数据传递标准创建

随着 BIM 技术不断应用深入，单纯围绕 BIM 应用价值点，已经不能满足企业发展的需求，应通过 BIM 各阶段应用价值点，以企业业务应用流程为引线，将 BIM 应用数据在业务流程中流转起来，在原有 BIM 价值基础之上，带来管理管控价值。所以，基于数据流转的传递过程，就需要对 BIM 成果交付物按照标准进行校验，保证实施成果，最终实现产业链间数字化移交的根本目标。另外，传递过程中，数据遗漏错缺都将对下游阶段产生影响，所以基于传递的交付标准具有重要价值。

BIM 各阶段交付成果是指在建筑不同阶段 BIM 应用实施过程中，相关 BIM 实施方应用 BIM 技术按照一定设计流程所产生的 BIM 实施成果。它包括各专业 BIM 实施模型、应用成果报告、相应导出图纸等。

依据 BIM 设计交付的要求和对象，交付物可划分为三种基本类型：

（1）满足政府审核交付物，通过模型出图，满足企业各项政府审核交付要求，如备案的设计图纸等。

（2）满足 BIM 实施的基本模型，对住宅项目实施过程中，需要各专业、各阶段、不同专项的 BIM 应用模型，如施工阶段施工深化模型、机电大型设备吊装模拟的 BIM 应用模型等。

（3）满足 BIM 实施的应用报告，对开发过程中，进行 BIM 实施的相关结论报告、参数文档、模拟指标等 BIM 应用成果交付。

住宅 BIM 交付标准是住宅全产业链开发过程中，针对各阶段 BIM 应用交付所建立的相关标准规范和定义，它包括 BIM 交付物内容和深度、文件格式、操作实施规范，住宅开发企业级 BIM 交付标准的框架如图 1-10 所示。

图 1-10 企 业 级 BIM 设 计 交 付 标 准 框 架

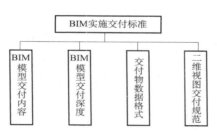

1.4 住宅开发全产业链中业主 BIM 模型

开发商是住宅全产业链开发过程中的核心，是实现各方价值的组织者。同样，在住宅开发过程中的 BIM 运用，开发商是 BIM（以下简称业主 BIM）应用发起者，也是最大受益人。开发商通过驱动住宅产业链各参与方运用 BIM 技术，提高住宅开发效率，提升产品品质，降低污染能耗，是实现市场商业价值，绿色建造社会价值的重要手段。

1.4.1 业主 BIM 应用

在全产业链背景下，业主是全产业链 BIM 应用的最大受益人。业主作为产业价值链的分配者，在 BIM 上投资是驱动产业链上下游各方运用 BIM 的根本动力。在当前阶段，业主 BIM 应用包括以下两个方面：

管理应用：作为开发商，核心在于内部管控与外部协调。通过管理工具提升管理效率，是科学管理重要方式。BIM 技术为业主管控提供了可视化管理、参数化管控的管理新维度。通过在不同阶段管理数据加工填充、流转利用，为业主在项目立项、设计、施工、运维各阶段提供了管理依据。

技术应用：作为参与方，核心价值在于为产业链客户提供有价值的产品与服务。通过各参与方运用 BIM 技术，在开发不同阶段，可实现提升设计品质、缩短建造周期、降低施工成本等不同应用价值。这既有利于降低各参与方自身成本，提升服务品质，又有利于提升总体生产效率，为住宅开发商提高整体开发品质，降低社会平均成本。

当前阶段，业主 BIM 应用核心在于管控。通过将管理数据与模型绑定，以全产业链业务流程进行流转，结合现有管控制度，BIM 将为业主提供直观、高效管理新维度。各参与方技术 BIM 应用，既实现了为本专业、本阶段的建造过程技术服务，又为业主管理提供了管控数据，最终服务业主 BIM 开发。

如图 1-11 所示，在施工阶段同样的 BIM 应用，施工方关注的是本专业相关的技术指标，以便指导施工。而业主 BIM 更为关注管理数据，把控施工整体进度。

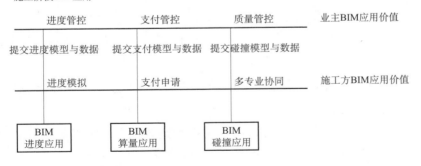

图 1-11 业主 BIM 应用与施工方 BIM 应用不同点

1.4.2 业主 BIM 模型

住宅全产业链开发 BIM 模型是包括住宅开发各阶段、各专业、不同参与方信息的建筑信息模型。住宅全产业链模型以信息为载体、管控为目标，为住宅开发全生命周期过程服务。住宅全产业链 BIM 模型开发过程中各参与方需要通过 BIM 模型进行信息交换，从而实现各自在产业链中的价值。模型信息在交换中得到加工与利用，从而服务开发过程。

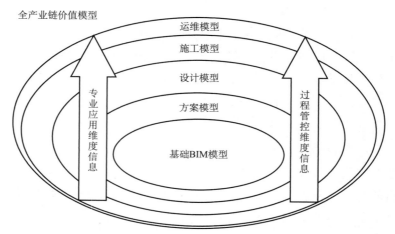

图 1 – 12
全 产 业 链
模 型 示 意
图

如图 1 – 12 所示，全产业链模型包含各专业不同阶段的信息模型，主要可分为如下几种：

（1）基础 BIM 模型：基础 BIM 模型是在方案之前形成，根据业主开发需求形成的原始 BIM 建模模板，包括基本的项目需求信息与建模标准。主要包括以下内容：

a）建模基本单位：设定模型、构件基本单位信息。

b）建模基本构件：导入设定本项目所需的常用构件库。

c）建模基本坐标：设定建模原点坐标与建筑红线范围。

d）建筑基本命名规则及其设色标准：设定各构件命名规则与相应的各专业设色标准。

e）定义模型拆分原则：通过模板明确定义模型拆分原则，以便模型流转。

f）定义基本构件深度：通过模板结合标准，定义各阶段模型应提交的建模深度与构件扩展属性。

通过基础 BIM 模型，以模板形式定义了各参与方的基本建模动作，为协同工作打下基础。

（2）方案模型：方案模型是满足前期策划，根据业主开发需要，进行方案阶段模型创建，主要包括方案规划所需信息。具体内容如下：

a）基本体量信息：满足方案阶段策划需要，以体量模型进行方案确认，以可视化方式，满足方案决策需要。如图 1 - 13 所示。

b）基本分析信息：通过对日照、绿色等性能与舒适度分析，为后期设计以及施工做数据准备。同时，也为决策提供服务。如图 1 - 14 所示。

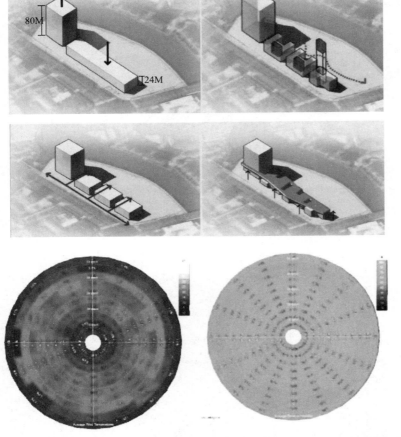

图 1 - 13
方案模型
可视化比
对

图 1 - 14
方案模型
风温、潮
湿度性能
分析

（3）设计模型：方案定型后，通过设计模型，以丰富的信息与直观形式表现进行设计表达。通过设计模型，可出设计施工深化图纸，对施工进行指导。设计模型应具备以下信息：

a）符合施工图阶段精度要求的各专业设计模型：设计模型应根据方案阶段要求进行深化，满足设计指标。构件级别应满足到施工图深度要求的信息精度要求，以便满足出施工图和进行相关专业模拟要求，如图 1 - 15 所示。

b）符合设计阶段要求各项技术应用信息：设计阶段应根据设计需求，进行建筑性能分析、多专业综合检查、工程量统计，以及备材料信息等各项专业信息。如图 1 - 16、图 1 - 17 所示各种专业检查报告等过程信息。

c）设计阶段管理信息：提交设计版本信息，满足设计进度控制要求，为业主管控提供数据支持。如图 1 - 18 所示。

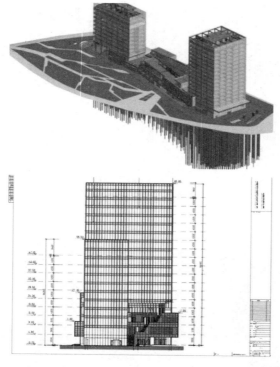

图 1 - 15
设计模型
辅助出图

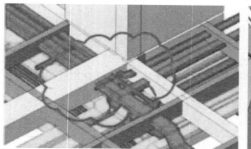

图 1 - 16
结构洞口
预留预埋

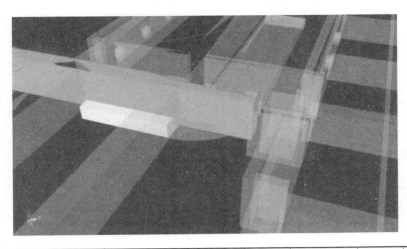

图 1-17
碰撞检查
报告

区域	问题编号	问题说明	严重程度	提出时间	反馈时间	解决时间	是否已经解决	备注说明	追溯报告
商业 1F	1	商业1F梁尺寸标注与图纸测量不	一般	20150108					周家渡商业1F图面分析报告.doc
	2	商业1F建筑与结构图纸墙位置不	一般	20150108					周家渡商业1F图面分析报告.doc
	3	商业1F梁无尺寸标注	一般	20150108					周家渡商业1F图面分析报告.doc
	4	商业1F建筑与结构图纸墙位置不	一般	20150108					周家渡商业1F图面分析报告.doc
	5	商业1F结构柱与幕墙碰撞	严重	20150108					周家渡商业1F图面分析报告.doc
	6	商业1F建筑图纸与结构图纸预留	一般	20150108					周家渡商业1F图面分析报告.doc
商业 2F	7	商业2F结构梁与楼梯发生碰撞	严重	20150108					周家渡商业2F图面分析报告.doc
	8	商业2F建筑图纸结构柱与结构图	一般	20150108					周家渡商业2F图面分析报告.doc
	9	商业2F结构板预留洞与建筑板不	一般	20150108					周家渡商业2F图面分析报告.doc
	10	商业2F结构板预留洞与建筑板不	一般	20150108					周家渡商业2F图面分析报告.doc

图 1-18 设计版本问题管理跟踪

（4）施工模型

在施工阶段，施工方根据施工图模型进行施工深化，并根据施工过程，将信息逐渐添加丰富，形成最终的施工模型。施工模型既要进行施工多专业综合与施工指导 BIM 应用，又要进行施工过程管控与协调，满足业务对施工过程中的进度、成本、质量、安全、支付等管理要求。所以，施工模型需要满足以下信息：

a）施工深化模型：根据施工工艺要求，能满足施工现场要求精度的施工深化模型，并能根据施工深化模型进行现场施工指导。如图 1 – 19 所示，形成施工深化模型并直接指导施工。

　　b）施工各项应用数据：在施工过程中，根据施工需要进行多专业综合协调、管线路由的优化、洞口预留预埋优化、大型设备进场路径规划等各专项应用数据，如图 1 – 20 所示，根据施工模拟形成科学施工方案。

　　c）施工过程管理信息：在施工过程中，依据模型相关的进度、工程量、支付、安全、质量、会议、文档等过程信息，依托模型为基础进行统筹管理。依托 BIM 模型，挂接施工过程中的进度、工程量、质量、安全等管理信息，为业主管控服务。

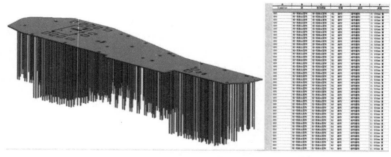

图 1 – 19
施工深化
模型及其
数据统计

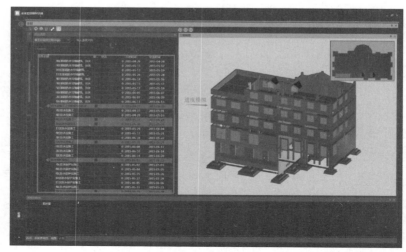

图 1 – 20
施工进度
模拟专项
应用信息

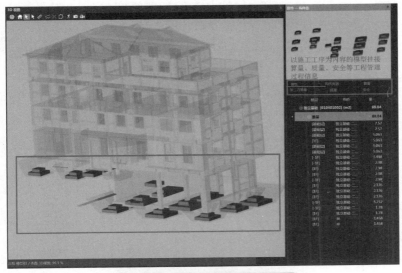

图 1-21
施工过程
管理中各
项信息

（5）运维模型

运维模型是在竣工模型基础之上，进行运维深化形成运维模型。运维模型深化主要包括两个步骤：

a）添加运维信息：通过构件信息添加，满足运维需要，实现运维级别的精度要求。具体包括运维所需的品牌信息、维保信息等。

b）模型轻量化：因为施工模型包括了施工过程中的大量管理信息，以上信息对运维不具备参考价值，为方便运维使用，应对施工过程中的管理信息进行裁剪，实现模型轻量化。

运维模型在运维过程中，应包括以下信息和内容：

a）重点构件维保信息：应对重点构件，如机电设备等进行深化，添加维保、品牌厂商等维护信息。

b）空间维护信息：运维除了设备保修，还包括对空间分配与管理。所以，模型中应包括基本的功能空间分割信息及其相应的设色信息。

　　c）基本设施几何信息：应对建筑物完整几何信息特别是制定突发专项方案的需求，完善几何信息是专项方案的基础。

　　全产业链信息模型是各阶段模型信息集成。综上所述，基于全产业链的 BIM 模型，包括各阶段的 BIM 模型信息、技术专项应用信息，以及管控为目标的管理信息。以上信息的载体都是建筑三维模型，但是不仅仅局限于传统的 BIM 三维模型，而是以信息流、业务流为代表的价值链各参与方的工程过程数据链集成，是超越传统 BIM 按专业、按阶段应用局限，真正形成按信息流、业务流的全产业链的 BIM 应用综合模型。

1.4.3　业主 BIM 应用流转

　　BIM 模型在不同阶段，应提供不同的管理与技术应用数据，所以，在数据移交中，业主作为 BIM 的发起者和投资者，应对数据流转关键节点的提交物进行把控，通过技术标准要求各参与方提交服务管理与技术要求的 BIM 模型，以便 BIM 实施能在各阶段顺利流转。具体来说应对以下指标进行要求：

　　（1）模型精度：应规范各方在不同阶段、不同专业提交的几何模型的精度，包括应满足的基本建模要求，以便模型能够在不同专业进行再次利用。

　　（2）管理数据提交要求：应要求与规范各方，提交管理数据，满足管理要求。

　　（3）交付物成果要求：针对各专业技术 BIM 应用，应提出具体明确要求，以便推动各方，切实运用 BIM 提升各自专业水平。如对设计环节的碰撞检查，应对具体专业、具体部位、具体要求进行明确说明。

第二章　住宅 BIM 资源库建设管理

BIM 资源库是除 IT 环境资源、人力资源外的重要资源，是 BIM 实施的重要基础条件。BIM 资源库涉及资源的产生、获取、处理、存储、传输等系列环节和流程，贯穿住宅开发全产业链的全过程。主要包括三个层面工作：

（1）资源库成果建设目标：资源库建设是一个时间周期长、投资额度大、见效速度慢的基础设施工作，必须有一个明确的建设目标作为需求牵引。所以必须明确资源库建设方向、方法、内容，以指导资源库建设。

（2）资源库建设资源：资源库建设本身也需要相应的资源保障，其中包括 IT 资源与人力资源两项内容。IT 资源是从信息系统建设角度，对资源库平台建设所需的软硬件措施及其资源进行定义和描述。人力资源是从建设资源库所需人力、岗位职责进行定义和描述。

（3）资源库建设使用流程：资源库在创建过程和使用中，都需要相应的流程行为规范，以方便在使用过程中各环节操作的规范性。

根据以上资源库建设目标不同，进行分工工作。本章将围绕信息库建设目标、信息建设保障、信息库建设与管理三个环节展开阐述。

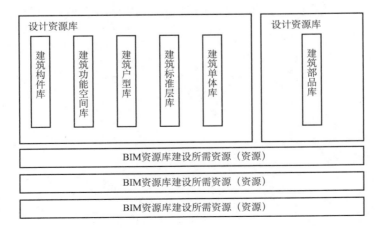

图 2-1 BIM 资源库建设框架图

2.1 资源库建设目标

结合资源库建设目标及其原则，将围绕两条主线开展基于住宅的 BIM 资源库建设，其中一条线围绕业务需求，以住宅开发业务为主线，将资源按照设计元素粒度粗细进行分拆。另一条线围绕资源库信息化建设路线展开，对资源上传归档、下载使用等流程环节，按照数据管理平台功能流程，以管理功能方式进行管理。

2.1.1 建设符合住宅业务需求的资源库

资源库主要用在设计环节，通过设计环节模型创建，产生基础项目工程数据，通过不同阶段数据流转与添加，利用项目几何和属性数据，实现 BIM 在不同阶段的 BIM 应用价值。为了方便进行快速设计，根据设计流程，将资源进行细粒度拆分，以适合不同设计应用场景需要。基于住宅的资源库同时结合住宅本身的业务实际，构建了从构件库到建筑单体的系列资源集合，把资源库分为构件库、功能空间库、户型库、标准层库、单体库，具体资源库如图 2－2。

（1）构件库：建筑构件是建筑最基本的组成单元，构件库是构件管理资源内容载体。主要是在模型创建中，常用的土建、安装、幕墙、精装、景观等专业基本构件，按照分类方法进行分类，并根据编码体系编码归档。通过构件库，设计人员可快速设计功能空间、户型、标准层。构件库是所有资源库创建的基础，

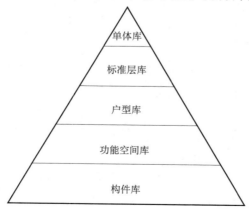

图 2－2
资源库分层图

构件库构建需要一个长期的过程，是住宅开发类企业的重要信息资产。构件库中构件应具备完整的几何信息，其中包括品牌数据等属性信息。

（2）功能空间库：功能空间库是根据住宅开发的业务需求，将常见的功能空间依据分类规则、编码体系进行归档管理。通过空间资源库，根据开发要求、市场条件进行空间拼装，依托 BIM 可视化模型，将多种策划方案进行指标比选，在规划阶段提高产品策划研发能力。功能空间库应包括户型表面积、体积及其包围盒几何信息。同时，除了包括相应功能空间模型信息外，还应包括相应功能空间的文档、图纸。

（3）户型库：户型库是住宅开发过程中的产品线基础，也是面向市场，客户直接选择住宅产品的重要指标依据。在住宅开发中，住宅开发企业最核心竞争力在于户型。建立住宅企业的户型资源库，累积户型产品线，可为方案设计、成本概算、新户型研发提供数据依据。通过户型库筛选出户型，进行拼装，快速构建标准层库。

（4）标准层库：标准层库是对以往工程项目标准层资料的收集归档成果。可通过资源库标准层数据信息，快速筛选拼装成建筑单体，依照拼装建筑单体、进行项目规划与成本分析，统计相关项目概算成本信息，为决策提供数据支持。标准层资源应包括标准层模型、图纸、配置信息。

（5）单体库：单体库是由构件、功能空间、户型、标准层拼装组成的最终资源形态，通过对以往开发项目中的单体收集，组成单体库。通过对单体筛选，将符合预期指标的单体对象进行组团，进行项目估算、模拟，为项目整体规划提供依据。单体资源应包括模型、图纸、配置信息。

2.1.2　建设符合管理规则流程化的资源库

资源库不仅要进行资源内容归档收集，还要有明确使用方法和流程，通过管理手段来保障信息资源的正确使用。主要涉及资源上传、下载、管理等主要功能流程（图 2-3）。

（1）资源库上传归档流程

图 2 - 3
资源上传
归 档 流
程图

a）资源库平台用户，根据工作要求进行资源上传。

b）资源库管理员依照评定标准，对上传资源进行评分，其中标准主要规定模型深度、完整性等内容要求。

c）经过审核通过的模型，将分类归档，进入模型库。

d）未审核通过的，将返回上传用户方，重新进行编辑上传。

（2）资源库浏览流程（图 2 - 4）

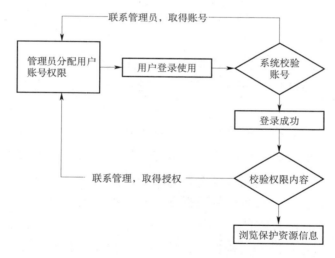

图 2 - 4
资源浏览
流程图

a）系统初始化时，管理员进行账户分配，并对不同用户分配不同的权限信息。

b）用户根据账户信息，登录使用，系统对账户进行校验，合法授权用户将登入系统。未授权用户联系管理员，取得授权账号。

c）校验成功用户，浏览受保护信息，必须进行权限校验。对符合授权有限内容，浏览受保护资源信息，未授权用户，联系管理员取得授权。

（3）资源库下载流程（图 2 - 5）

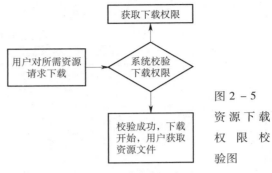

图 2 - 5
资 源 下 载
权 限 校
验图

a) 用户对所需资源，进行请求下载，向系统发出请求申请。

b) 系统根据用户所在群组权限，判定是否有下载权限。

c) 有权限用户，下载开始，进行下载。

d) 无权限用户，联系管理员，获取下载权限。

通过以上资源库的流程管理，健全用户使用资源库的管理机制，保障资源库正常运行。

2.2　资源库建设保障

2.2.1　IT 基础设施保障

（1）硬件资源

硬件资源是支撑城镇住宅 BIM 实施的 IT 架构基础，包括计算资源、网络资源、存储资源等。在城镇住宅 BIM 实施初期进行资源投入，对后期实施影响较大。

a) 计算资源：指住宅 BIM 实施过程中 BIM 设计与应用的客户端计算机，是 BIM 实施的计算资源主体。主要包括：

■工作站：是主要进行图形、图像、视频处理工作的计算机的总称，在城镇住宅 BIM 实施中，主要服务 BIM 模型建模、效果渲染、数据模拟等图形计算处理工作。要求具有较强的图形运算处理能力。

■移动工作站：兼具工作站与笔记本电脑的特征，具备较强数据图形运算处理能力。在城镇住宅 BIM 实施过程中，主要用来解决会议汇报、多方协同等对图形工作站可移动要求。

针对城镇住宅 BIM 实施过程实际情况，工作站硬件指标要求见表 2-1。

城镇住宅 BIM 工作站硬件指标　　　表 2-1

	工作站	移动工作站
CPU	主频：Intel i7 3.5GHz 及以上 内核：4 核心 8 线程或 8 核心 及以上支持最大内存：32GB CPU：64 位处理器	主频：Intel i7 3.0GHz 及以上 内核：4 核心 8 线程或 8 核心及以上 支持最大内存：16GB CPU：64 位处理器
显卡	显存容量：2G 以上 显存位宽：256bit 以上 显存类型：GDDR5 流处理单元：1664 以上 接口类型：HDMI/DVI/VGA	显存容量：2G 以上 显存位宽：256bit 以上 显存类型：GDDR5 流处理单元：1280 以上 DirectX：11 以上
内存	16GB DDR3 及以上	16GB DDR3 及以上
硬盘	128G SSD 固态及以上	128G SSD 固态及以上
显示器	24 英寸支持 1920×1080 以上	15.6 英寸支持 1920×1080 以上
操作系统	Win7 Pro 64bit 及其以上	Win7 Pro 64bit 及其以上

b）网络资源：网络资源是指城镇住宅 BIM 实施过程中的网络通信环境，是进行协同工作、数据集中存储的资源主体，对整个 BIM 实施具有重要意义。城镇住宅 BIM 实施中，在网络架构上，采用了基于客户端个人计算机运算、服务器集中存储的基础网络架构体系。

■ 架构体系：客户端直接运行 BIM 软件，完成 BIM 相关建模工作，通过网络，将 BIM 模型存储到城镇住宅 BIM 数据服务器中，实现基于 BIM 模型的数据共享与协同。该结构具有简单成熟、可控性强的优势。在现有城镇住宅 BIM 实施中，基于该网络架构可快速进入实施。

■ 网络指标：满足基于 1000MB/s 及以上的局域网络带宽
　　　　　　满足基于 20MB/s 及以上的公共网络带宽

c）存储资源：存储资源主要是指在城镇住宅 BIM 实施过程中服务器端的网络存储设备设施资源，是 BIM 数据存储、共享的核心，是城镇住宅 BIM 实施的基础 IT 资源。

■ 技术性能指标要求：支持基于网络存储技术（NAS）或服务器连接存储（SAS）的网络文件存储。

■ 存储服务器性能指标要求见表 2 – 2。

存储服务器性能指标　　　　　　　　表 2 – 2

指标	要求
硬盘容量	5TB 及以上
网络连接	千兆以太网接口及以上
冗余电源	支持冗余电源装置
文件格式	支持 CIFS，NFS，AFP 格式
数据传输	Web、FTP
数据安全	支持数据安全与用户管理
数据备份	支持外部存储器的同步与备份

（2）软件资源配置要求

城镇住宅 BIM 实施中依托相关软件，实现 BIM 建模与 BIM 应用。结合城镇住宅 BIM 实施现状，实现 BIM 应用价值，相应软件配置要求如表 2 – 3。

软件资源配置要求　　　　　　　　表 2 – 3

实施专业	软件资源
专业建模类	AutoDesk Revit 套件（Architecture、Structure、MEP） 版本：2014 及更高
基础设施类	AutoCAD Civil 3D 软件平台 版本：2013 及更高
BIM 模拟类	Autodesk Navisworks 版本：2014 及更高 3D Studio Max 版本：2012 及更高 Lumion 3D 可视化 版本：4.0 及更高
管理协同类	城镇住宅 BIM 数据管理平台

2.2.2　配套人力资源保障

城镇住宅 BIM 资源库基于现有 BIM 团队基础进行资源的收集与整理。城镇住宅开发企业中、BIM 实施团队需在组织结构、岗位职责、任职要求上满足实施 BIM 实施条件。具体职责如表 2 – 4。

BIM 实施团队要求　　　　　　　　表 2－4

职位名称	职责描述	任职条件
BIM 项目经理	1. 组织安排 BIM 团队各项工作 2. 组织制定 BIM 实施方案 3. 协调 BIM 实施各方 4. 对接管理方与 BIM 咨询方	1. 具有两年以上工程项目管理经验 2. 对 BIM 技术具有一定的理解，具有 BIM 实施经验 3. 具备协调 BIM 实施各参与方能力
BIM 工程师	1. 按照 BIM 标准进行 BIM 模型创建 2. 对 BIM 模型进行检查复核	1. 具有半年以上 BIM 建模经验 2. 对 BIM 技术具有一定理解 3. 具有土建、水电、结构等专业背景
BIM 数据维护员	1. 收集、管理 BIM 模型 2. 上传、归档 BIM 模型及数据 3. 局域网 IT 技术维护	1. 具有 BIM 团队数据维护管理经验 2. 具有一定 IT 或建筑设计/施工专业背景

2.3　资源库建设与管理

2.3.1　资源库分类编码体系标准化

资源库是进行住宅模块化设计的基础资源，它将已有建筑模型及其构件作为一种资源累积起来，并形成构件资源库，提高设计效率。由于构件资源库中的构件的正确性已经过验证，它的重用也可避免重新建模时可能导入的错误，对提高设计质量也有帮助。对住宅企业开发积累起大量的资源库资源，进行检索、复用及管理显得尤为重要，其基础工作之一就是做好构件的分类和编码。

信息分类方法

信息分类的基本方法有两种：线分法、面分法。这两种方法可以单独应用，也可组合使用。

（1）线分法

传统的建筑信息分类体系以线分法为主。它根据选定的若干属性或特征将分类对象逐次分为若干层级，按照从大到小的层次关系来组织类目。这种方法分类的结果通常是一个被组织成树状结构的类目体系。同层次类目间是独立、并列关系，不存在交集。父类目和子类目之间是包含和被包含的关系。

线分法的优缺点：层次性好，类目间的关系清晰、明确，比较符合人的直观想象，容易理解，使用难度低。但结构弹性差，一旦类目结构需要修改，整个类目体系可能都会变动，维护需要花费的精力大，不能满足从多角度分类对象的需求。使用这种分类方法组织的分类体系描述对象的能力弱。

（2）面分法

现代的建筑信息分类体系通常以 ISO 标准为框架，通常采用面分法。它是根据要分类的对象的若干属性或特征，从若干个"刻面"（事物某个方面的属性特征）去分类对象，分类对象在这些刻面上分别被组织成一个结构化的类目体系。不同面上的类系彼此独立。

分类表	表 A（功能）	表 B（层数）	表 C（结构形式）
分类内容	01　民用建筑 　0101　居住建筑 　0102　商业建筑 　0103　行政建筑 02　工业建筑	01　单层建筑 02　多层建筑 03　高层建筑	01　砖混结构 02　框架结构 03　钢结构
应用实例	一个框架结构的多层商业楼可以表示为"A0102：B02：C02"		
备注	本表中的编码只是为示例而做的编码。"："是组配号		

图 2-6 面分法分类示例图

如图 2-6 所示，建筑物可以根据其功能、形式、结构分为三张表。而一个框架结构的多层商业建筑则可依据三张表中的编码组合表示为"A0102：B02：C02"。

面分法的优缺点：高度的可扩展性，新的事物可以很轻易加入体系中，多个表可以联合在一起能更全面的描述对象的信息，方便在计算机中组织和检索信息；可以就用户关注的方面来组织信息；但与线分法相比，面分法比较复杂，不容易理解和掌握；分类结构的组织需要更多的考虑和规划，对分类人员专业能力的要求比较高。

随着信息容量的增大，面分法是比线分法更适宜的分类方法，在实际使用中，针对复杂系统，面分法表现得比线分法更优。国际上 ISO 12006－2、OmniClass、UniClass 等标准都采用了面分法的思想。

本资源分类体系采用面分法，同时在每个刻面内采用线分法。这种分类方法一方面能够适应建筑信息复杂多样的特点，另一方面又能够充分继承已有的各种传统分类的成果。面分类体系中的各个分类表既可以单独使用，也可以联合使用，用于表达不同复杂程度的信息。

信息分类编码实例

如图 2－7 所示，对建筑构件按照专业层级进行面分，如在第一级按照主体结构，可分为主体结构、外围护结构、内装、内饰、家具家电、配套设施、场地。

建筑结构表						
编号	第一级	第二级	第三级	第四级	第五级	第六级
L－01 00 00	主体结构					
L－01 00 00	外围护结构					
L－01 00 00	内装					
L－01 00 00	内饰					
L－01 00 00	家具家电					
L－01 00 00	配套设施					
L－01 00 00	场地					

图 2－7
OminiClass
一 级 分 类
图

其中把分类关系，映射到软件系统中的效果如图 2－8。

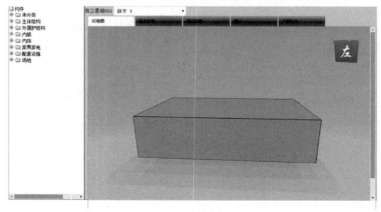

图 2－8
系 统 分 类
对 应 图

二级分类是一级分类下的子分类，继续按照面分法进行分类，如主体结构，按照专业可以继续分为基础、楼板、屋面、墙、梁、柱。

图 2 - 9
二级数据分类与系统分类效果

根据第二级，以上述方式，根据面分法，可分为六级，将上述分类体系固化到相应的资源库管理平台中，对数据进行分类管理，方便快速检索与浏览（图 2 - 10、图 2 - 11）。

除了实现构件、功能空间、户型、标准层、单体的分类体系外，针对住宅设计按照业务逻辑线特点，也相应地进行梳理，对整体住宅开发进行分类管理。（图 2 - 12）

基于编码分类体系的运用

编码分类体系不仅实现了用户数据存储的快速检索，更是为了后续的 BIM 相关应用，结束算量在各阶段 BIM 应用与本构件 OminiClass 分类体系的映射关系，实现构件资源与国标算量的自动挂接，充分利用分类体系的快捷高效，实现工程算量。

L-06 00 00	配套设施			
L-06 10 00		给排水		
L-06 20 00		暖通空调		
L-06 20 10			采暖、热水系统	
L-06 20 10 10				加热设备
L-06 20 10 10 10				燃气炉
L-06 20 10 10 11				电加热器
L-06 20 10 10 14				煤气炉
L-06 20 10 10 17				太阳能加热器
L-06 20 10 20				管道系统
L-06 20 10 20 10				热水管道
L-06 20 10 20 11				蒸汽管道
L-06 20 10 20 14				计量表
L-06 20 10 20 17				循环泵和补水泵等
L-06 20 10 20 20				阀
L-06 20 10 20 23				管道连接件
L-06 20 10 20 26				管道固定件
L-06 20 10 20 29				膨胀水箱
L-06 20 10 20 32				集气罐
L-06 20 10 20 35				分汽缸
L-06 20 10 20 38				分集水器
L-06 20 10 20 41				调压装置
L-06 20 10 20 44				补偿器
L-06 20 10 20 47				管道保温隔热系统
L-06 20 10 30				供暖设备
L-06 20 10 30 10				散热器
L-06 20 10 30 20				辐射采暖系统
L-06 20 10 30 20					顶棚
L-06 20 10 30 20 11					地板
L-06 20 10 30 20 14					墙面

图 2 – 10 六级分类图

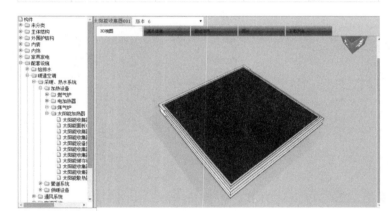

图 2 – 11 对应软件系统分类效果图

图 2 – 12 住宅开发的分类体系

2.3.2 资源数据的模型化

基于 BIM 的资源库，需包含明确的三维模型几何与语义信息，才能充分利用 BIM 技术应用价值（图 2-13～图 2-19）。

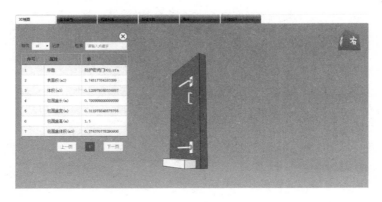

图 2-13
构件数据
模型化浏
览信息

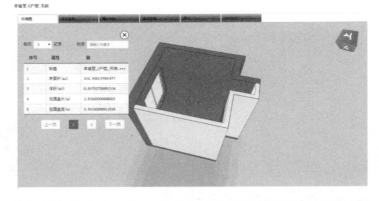

图 2-14
功能空间
模型化浏
览信息

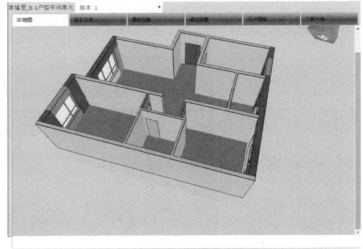

图 2-15
户型模型
化浏览信
息

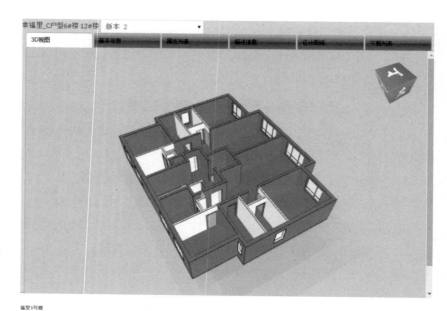

图 2 – 16
标准层户
型空间模
型化信息
浏览

图 2 – 17
建筑单体
模型化信
息浏览

图 2 – 18
构件数据
基本信息

图 2 – 19
构件数据
下载信息

以上案例通过对整体建筑设计粒度控制，实现从最小粒度建筑构件到最大粒度建筑单体的三维模型资源管理，既包括几何信息，又包含丰富的语义信息，在进行项目开发时，可以大大降低设计时间，进行快速的方案构建和前期的方案比选，大大提高基于 BIM 模型技术进行设计建模的效率。

2.3.3 资源数据利用与管理平台化

基于资源分类的编码体系标准化与资源数据的模型化，为资源数据运用做好了数据基础，在资源文件进行重复利用、数据管理时，需要有软件平台作为支撑，以充分发挥 BIM 资源库数据的效能，实现数据重复利用，产生"数字资产"的价值。具体平台化包括两项重要内容：

（1）资源数据的平台化运用，具体是指利用资源库、软件平台实现数据下载、编辑、再加工生产，进而产生 BIM 应用价值的流程平台化，为资源重复利用提供工具支持，让基于资源库再利用业务流程顺畅化。

（2）资源数据的平台化管理运用，具体是指依托软件平台对资源进行存储、检索、审核的数据库管理功能。如依托数据库管理平台，实现对用户授权、快速检索、文件下载等操作，为数据利用提供平台支持。

1. 资源数据的平台化运用（图 2 - 20）

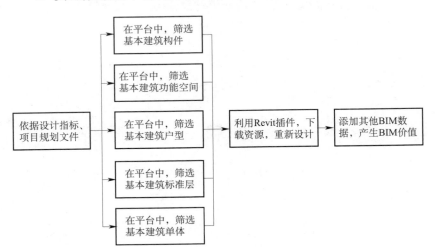

图 2 - 20 资源平台数据运用流程

（1）用户使用平台检索工具，根据住宅开发的指标要求进行检索，找出所需的建筑构件、建筑功能空间、户型、标准层或建筑单体（图 2-21、图 2-22）。

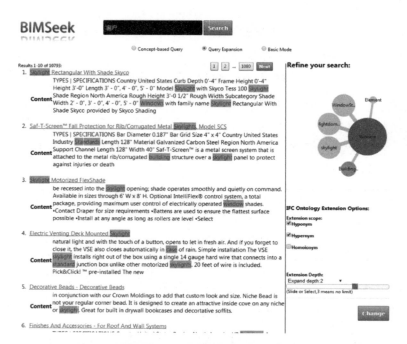

图 2-21 基于语义的构件检索

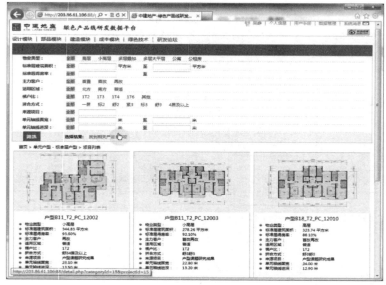

图 2-22 基于指标的户型检索

（2）根据检索指标，在 Revit 平台中下载检索到的相关资源，下载并重新加工运用（图 2-23）。

图 2-23
基于 Revit 的构件下载

（3）在 Revit 平台上，将相应资源作为设计资源进行加工、拼装，生成所需要的设计模型，并根据 BIM 应用需求，添加相应的数据属性信息，进行 BIM 深层次应用，实现 BIM 资源库的基础资源功能。

2. 资源数据的平台化管理

资源库需要数据库管理平台进行管理，支持基于 BIM 资源的快捷添加上传、删除修改、检索、下载的操作。同时还应建设符合 2.1.2 节中提出管理规则流程化的权限管理内容。

（1）快速的上传功能（图 2-24）

图 2-24
快速上传功能

（2）支持基于关键字的快速检索（图 2 – 25）

| 消防 | 搜索 |

21-06 60 00 :: 消防

21-06 60 10 :: 消防水系统

21-06 60 10 11 :: 消防水泵

21-06 60 10 14 :: 消防水箱

21-06 60 10 23 :: 消防管道

21-06 60 10 26 :: 消防管道附件

21-06 60 20 :: 消防风系统

21-06 60 20 11 :: 消防风机

21-06 60 20 14 :: 消防风管

21-06 60 20 17 :: 消防风口

21-06 60 20 20 :: 消防专用阀

21-06 60 30 :: 消防监测控制系统

21-06 60 30 11 :: 消防控制柜

21-06 60 30 14 :: 消防监测感应器

21-06 60 30 17 :: 消防控制布线

21-06 60 30 20 :: 消防报警器

图 2 – 25
基于提示
关键字检
索功能

（3）支持基于无插件的浏览器三维模型可视化（图 2 –
26）

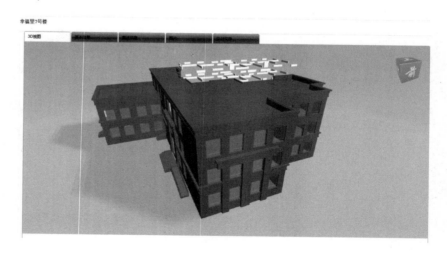

图 2 – 26
无插件浏
览器三维
浏览功能

（4）细粒度权限管理，基于部门公司对权限进行分组，基于操作功能对系统权限进行分级，通过分组与权限分级挂接，实现不同部门享有不同级别的权限，实现对资源的细粒度权限控制（图2－27）。

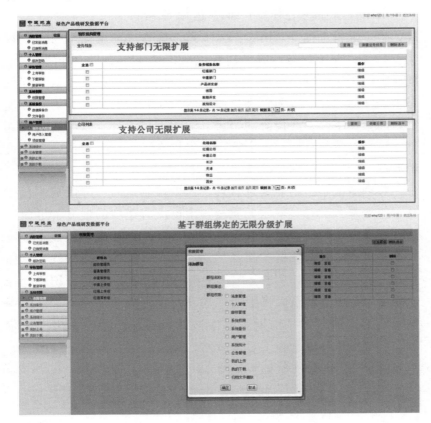

图2－27
细粒度权限管理

第三章　住宅开发 BIM 管控流程应用

　　BIM 技术在住宅开发产业中运用带来的不仅是生产效率提高，更带来管理提升。BIM 作为工具，具有"可视化"与"参数化"特性，在工程量计算、建筑性能模拟等方面具有显著优势。同样，BIM 作为贯穿建筑开发全生命周期的应用技术，对管理具有重大支撑意义。可为管理提供实时的工程项目数据，为管理提供新的管控手段，在传统的报表、流程表单之外，以可视化为基础，结合参数化特性，可为管理者提供直观、实时的项目工程管理数据，为工程管理开辟管控新维度。

　　管理流程是指企业通过管理手段，控制风险，降低成本，提高工作效率，最终实现服务质量、市场反应速度的提升，进而达到利润最大化和提高经营效益的目的。基于 BIM 应用管控新维度是指基于现有管理流程基础之上，结合 BIM 应用本身特性，以住宅开发管控为核心，实现住宅产业链开发价值为核心的 BIM 管控流程实施与再造。下面将围绕住宅开发全生命周期开发管控流程梳理与再造展开，从前期策划阶段、规划设计阶段、招投标阶段、营销推广阶段、施工建造阶段、交付运维共计 6 个阶段，分别进行说明。具体实施框架如图 3 – 1 所示。

图 3 – 1
住宅管控流程框架图

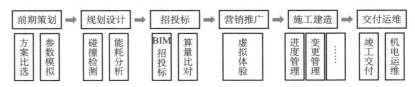

3.1　前期策划阶段 BIM 应用

　　前期策划阶段是住宅开发领域中的重要阶段，直接决定住宅产品在市场竞争中的成败。其本质是运用科学规范的策划行为，以客观的市场调研数据为基础，运用各种策划工具和方法，对住宅项目开发进行创新性规划，从而得到市场良好反响。我国住宅开发前期策划已经由早期的单项策划、综合策划向复合策划迈进。

下面将重点围绕 BIM 技术在前期策划中的多方案比选、参数化模拟两个方面的应用价值进行展开。其中 BIM 在策划阶段应用流程梳理既要结合现有业务流程，也要利用 BIM 数据在业务中的价值，两者结合，从而实现在住宅开发策划阶段中的应用价值。

前期策划阶段核心是在广泛市场调研基础之上，对产品进行精准定位，避免定位错误而增加市场开发难度。前期策划是一个复杂的系统工程，涵盖了市场调研、细分市场、选择目标市场、市场定位、确定方案等流程。具体流程如下：

（1）市场调研：主要对住宅开发中的环境、竞品、营销渠道、价格进行调研，并形成报告。

（2）细分市场：主要分析和确定本项目开发中的目标客户群体，并对潜在客户群进行分析，勾勒客户群特点。

（3）选择目标市场：确定项目本身特点，对现有市场进行分析，确定目标细分市场领域。

（4）市场定位：在确定目标市场基础之上，确定本身产品主题，产品、价格，并根据以上市场参数进行组合式营销策划。

（5）确定方案：

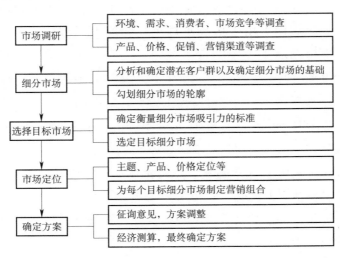

图 3 - 2
市 场 定 位
流 程 引
自：住宅房
地产项目前
期策划研究
陈晓明 重庆
大学

在上述流程中，确定方案阶段，除了根据详细的市场数据进行住宅的市场定位、客户群定位外，最主要，也是客户最为敏感的产品及其售价方案确定，是整个前期策划方案的关键，其中还需要对各种方案进行经济指标的评价与比选。按照图 3 – 3 中的方案流程进行确定。

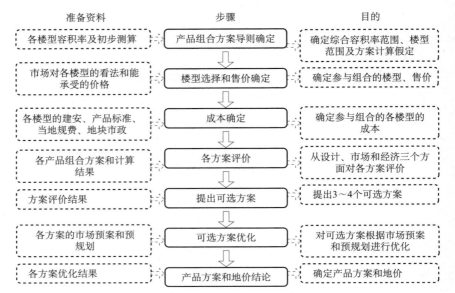

图 3 – 3
方案确定流程引自住宅房地产项目前期策划研究 陈晓明 重庆大学

现有国内住宅市场前期开发中，由于不合理的开发主体结构，普遍轻视前期开发，从而导致项目粗制滥造，破坏规划，决定项目成败的项目策划，变成了可有可无的过场与形式。另一个层面，由于市场不规范，前期策划在住宅开发中，正常的由市场之手决定的竞争规则，反而陷入人情关系规则，破坏了市场秩序。但是，应当看到，随着市场化深入，住宅市场竞争越来越激烈，小型地产商逐渐退出市场，科学的前期策划价值越来越明显，这其中 BIM 作为策划的支撑工具，价值尤为明显。

利用 BIM 参数化、可视化技术，为策划阶段的方案确定，提供包括户型方案、造价等重要数据在内的多种参数指标，为方案优化、决策提供直观的数据依托。在策划阶段进行 BIM 方案比选的应用流程如下：

（1）由决策层发起方案评选管理指令，项目策划部根据决策要求进行市场调研，并确定最终市场定位。根据以上信息确定相关方案指标，并以报告方式，将多方案评测指标上传到 BIM 数字化移交管理平台中（以下简称管理平台）。

（2）相关策划方案提交成功后，发起审核流程，相关审核任务流转到决策层，由决策层对方案是否符合预期进行审核。审核通过后，方案将在平台归档，归后续使用。审核不符合预期要求的，将由策划部重新进行方案制定上传，直到任务完成。

（3）BIM 技术部根据最终确定的方案，将数据下载到本地计算机，以此项目指标，从项目资源库中筛选构件、功能空间、户型、标准层、建筑单体等不同粒度资源，快速搭建符合方案指标要求的 BIM 模型。

（4）BIM 技术部将不同的 BIM 模型上传到管理平台中，由项目策划部进行审核是否符合项目策划指标。如果审核符合，将模型归档，供后续 BIM 方案比选利用；如果审核不符指标要求，BIM 技术部将重新进行模型创建与调整。

（5）进入方案比选阶段，BIM 技术部与项目策划协同，在基础模型上添加算量经济指标，并在平台中对模型进行概算统计，并生成最终的算量方案。

（6）由策划部根据算量指标，结合市场调研等数据，总结最终项目比选数据报告，并提交平台，由决策人员进行最终的项目决策。

（7）将符合项目决策的相关方案模型归档，供后续设计、施工、运维等阶段使用。

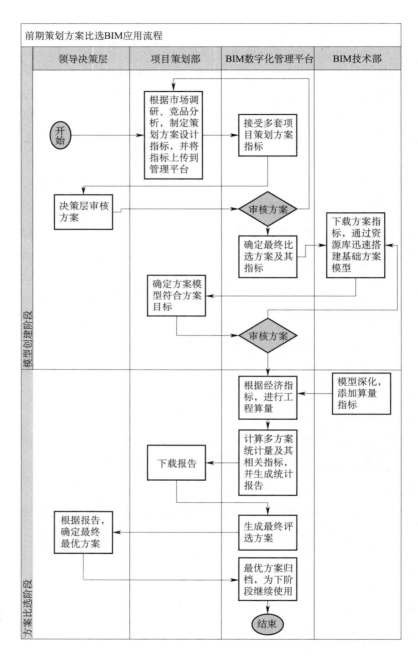

图 3 - 4
多方案比
选流程图

3.2 规划设计阶段 BIM 应用

住宅开发的规划设计阶段由系列业务活动组成，这些活动包括设计建模、建筑分析、设计成果校验、多方协同、方案调优等。针对上述活动，BIM 都有相应的规范，本节重点针对方案优化、碰撞分析、成果校核、结合协调这四个具体活动给出规范的示例。

图 3 - 5
设计阶段
BIM 应用
框架图

3.2.1　初步设计 BIM 参数化优化

1. 方案优化的内容

方案优化的内容主要包括对设计方案和质量管理的优化。设计方案的优化与管理对企业有着重要的意义，是提高工程设计质量、满足设计规范要求、达到高标准工程的关键。设计方案的优化措施对建筑的施工质量有一定的影响，所以必须加强建筑设计方案中质量设计、质量优化的部分，从而提高工程的施工质量。BIM 应用给设计方案和质量管理优化提供了更直观、有效的技术手段。

2. 方案优化的过程

方案优化一般在项目设计的初期阶段就开始进行。初期阶段应更多关注建筑对用地周围环境的影响和与周边其他建筑的关系，如城市密集区的超高层建筑对交通、市政产生的压力，对其周边产生的日照遮挡、环境空气流的变化等。在建模过程中可采用粗略的体量模型进行表达，以提高工作效率。可使用 BIM 性能分析软件对不同模型进行采光、日照辐射、阴影遮挡、风环境及热环境等的初步建筑模拟分析。根据分析结果，及时对设计方案进行合理调整（如选择合适的朝向、建筑形式、围护结构、窗墙面积比等，使得建筑能耗最小化，自然采光潜力最大化等），并根据不同要求得到不同的设计方案，最终通过比较选定最优方案。

利用 BIM 参数化功能，进行相关设计方案参数化对比，利用可视化效果，为决策提供直观表达，并将参数与可视化表达效果一起作为方案优化的依据，为最终方案优化与决策提供依据。具体实施流程，应参照现有设计优化流程，结合 BIM 实施现状，梳理如下：

（1）由决策层就方案优化，发起管理指令。

（2）负责住宅开发的产品设计部，根据前期策划、产品定位、初期设计成果基础，提出具体的绿色性能分析指标要求，并提交到管理平台上。

（3）在平台中，将相应绿色分析指标与具体的模型进行绑定，以便设计方进行绿色分析。

（4）流程流转到设计方后，设计方根据模型、绿色分析指标，下载到绿色分析软件中进行分析，并将分析报告导出，上传到平台中。

（5）产品设计部对设计方提交的绿色分析报告进行审核。审核未通过，流程将直接返回到设计方，要求进行重新分析。审核通过，通知设计方进入下一流程。

（6）设计部对审核通过的，添加相应的优化指标，并将优化指标与绿色分析指标、模型一块绑定，归档，提交决策层就优化意见进行审核。

（7）决策层就绿色性能分析、模型、优化指标通过平台实现可视化，对方案优化价值与意义进行决策。

（8）决策层未通过，将由设计部重新提交新的优化方案，审核通过后，将归档管理平台，并流转到设计方，由设计院根据优化方案，重新对设计模型进行优化。

（9）设计方将优化后的模型、优化报告提交到管理平台上，提交产品设计部进行审核。

（10）产品设计部对优化方案进行审核，审核通过后，交由决策层进行审核。

（11）所有审核通过后，方案确定，项目归档。审核未通过，将交由设计方进行重新提交，走审核流程。

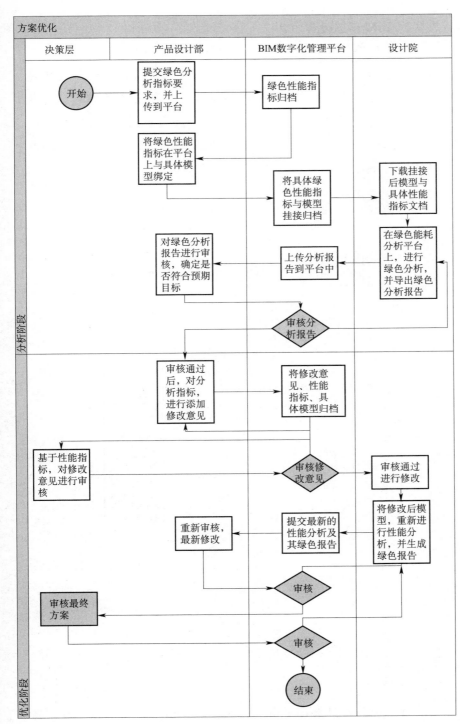

图 3−6
初设方案
BIM 优化
流程图

3.2.2 BIM 碰撞检查

建筑分析是建设项目设计过程中的基本工作内容。在传统二维时代，也要对建筑设计进行分析，以确保所设计的建筑物满足安全性、使用功能等多个方面的设计要求。利用 BIM 参数化与几何特性，可以解决二维时代不能解决的多专业综合的碰撞检查，进而提高设计品质，降低后期多专业打架问题。本节主要就碰撞分析进行流程梳理。

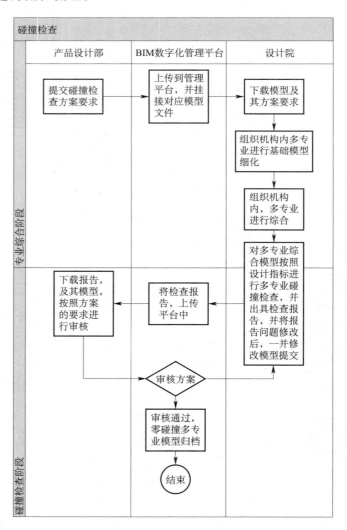

图 3 - 7
BIM 碰撞
检查流程
图

（1）产品设计部在平台上，提交碰撞检查方案要求，发起碰撞检查指令。

（2）设计方根据碰撞检查指令，对碰撞进行检查，在组织内部进行多专业综合，将基础模型进行分专业细化。

（3）设计方在组织机构内部对分专业进行综合，并形成可供分析软件进行碰撞检查的多专业综合模型。

（4）根据碰撞检查方案要求，对模型进行碰撞分析，并发现碰撞问题，进行修改，形成新版本零碰撞模型，并随碰撞报告一并提交到管理平台中。

（5）产品设计部对碰撞检查报告及其修改零碰撞模型进行审核，符合要求的将模型进行归档，不符合审核要求的将由设计方进行重新碰撞。

3.2.3 BIM 设计成果校核

成果校核是指在 BIM 模型的提交中，对 BIM 成果进行校核，保证 BIM 设计成果能按照设计指标、标准规范要求进行。通过成果校核，可以推进全生命周期模型移交，避免早期模型质量对后期的严重影响，是数字化移交中保证数据质量的重要手段。

模型校核需要相应的软件插件提供支撑，插件需根据模型创建规则标准，通过规则引擎对模型中的指标进行逐一校验，具体流程如下：

（1）由设计方，通过平台提交最终设计成果。

（2）住宅开发的产品设计部就相关模型下载后，进行初步审核。

（3）通过开发的插件对模型进行校验，并生成校验报告。

（4）上传模型校验报告，供设计院进行下载。

（5）设计院根据产品设计部提交的校核结果，进行模型的修改。

（6）将修改后的模型提交到平台上，产品设计部进行终审。

（7）终审通过后，模型进入平台，归档，终审没有通过的，将返回设计院重新进行修改，并继续走相关流程。

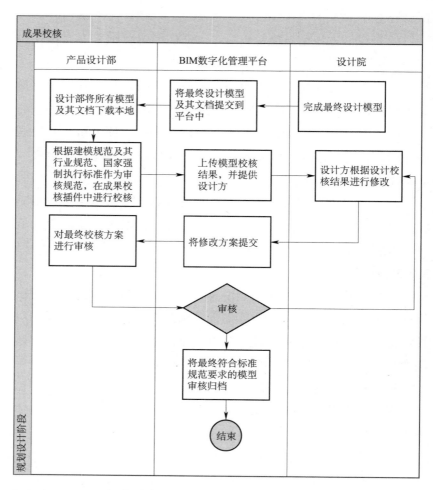

图 3 – 8
BIM 设计
成果校核
流程图

3.2.4 BIM 可视化综合协调

　　传统设计交底，是指由建设单位组织施工总承包单位、监理单位参加，由勘察、设计单位对施工图纸内容进行交底的一项技术活动，基于 BIM 的设计交底，结合 BIM 的可视化与参数化特性，为交底各方提供直观可视化三维效果，通过结合图纸，使各参与方充分理解设计方案与设计意图，实现设计方向各参建方的技术部分交底。

　　（1）由产品设计部发起相关流程。

　　（2）设计院组织最终技术交底准备工作，包括设计交底模型、文档、专项视图，并将上述文件上传到平台中。

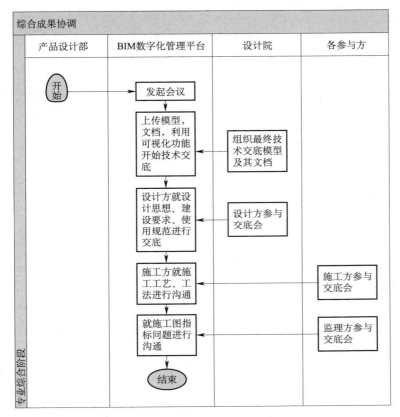

图 3 - 9
BIM 可视
化协调流
程图

（3）设计方利用管理平台，就设计目的、设计指标、设计意图、模型创建说明、施工各方注意事项进行现场会议，结合可视化效果进行交底。

（4）各参与方就本身交底内容进行讨论，并依托可视化进行标注、剖切、漫游等操作。

（5）根据各方交底，施工图模型进入施工阶段，交底完成。

3.3　招投标阶段 BIM 应用

3.3.1　BIM 招投标管理

招投标是住宅开发过程中，降低采购成本的有效手段，同时，也是产业链上下游相关参与方的合作体现。传统招投标过程中，标的信息不明，采用文档文件对标的施工技术、商务报价进行描述，无法充分体现各方实力。同时，为实现 BIM 全产业价值，必须从源头抓起，以标书内容来约束各方 BIM 实施行为；通过招投标阶段，用 BIM 能力提高投标门槛，考核各方 BIM 实施能力有效手段。其具体参与流程如图 3 - 10。

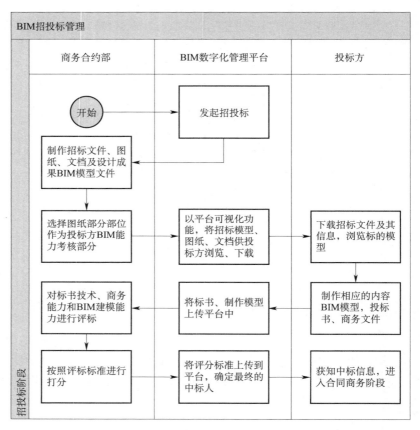

图 3 - 10 BIM 招投标实施流程图

（1）由商务合约部发起招投标流程。

（2）将招投标文件、图纸、文档及已有设计施工图模型上传到平台中。

（3）选择图纸部分部位作为投标方 BIM 能力考核部分，要求各投标方进行 BIM 建模，并作为投标评分项。

（4）投标方下载招标文件、图纸、文档。

（5）可利用平台已有标的模型进行浏览，了解工程概况，结合现场勘察，对项目进行精准报价。

（6）投标方按照招标文件要求，制作局部区位的 BIM 模型，并依据模型和应用要求，进行模型创建工作。

（7）投标方将标书和模型按照指定时间、指定方式上传到管理平台中。

（8）招标方组织专家对投标方的投标文件、模型进行会审，并在平台中进行评分。

（9）最终，选出最优投标方，并在管理平台中告知中标方。

（10）中标方或者中标信息，招投标流程结束。

3.3.2 BIM 招标算量比对

BIM 模型本身包括了工程项目丰富的信息，通过 BIM 模型来获取工程量信息，相较于传统工程算量能大大节约时间成本。另外，BIM 模型无需为了算量，重新创建模型，降低了算量的成本，相比人工计算更加高效。通过 BIM 算量，为现咨询公司算量提供对比数据，为工程招投标提供数据支持（图 3–11）。

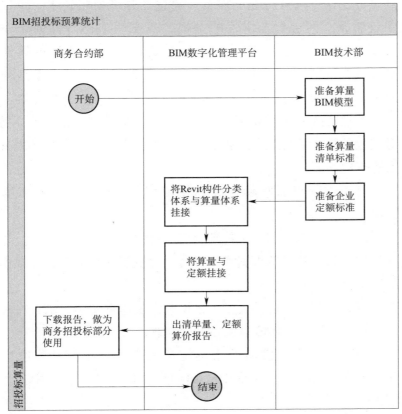

图 3–11
招 投 标
BIM 算 量
流程图

（1）招投标预算由住宅开发企业商务部开始。

（2）由 BIM 技术部根据方案阶段模型，准备算量模型。

（3）由 BIM 技术部准备算量清单标准。

（4）由 BIM 技术部准备企业定额标准。

（5）在平台中，将算量模型本身的构件分类体系，与算量清单标准进行挂接，实现最终算量模型。

（6）将算出的量与定额进行挂接。

（7）最终生成符合国标清单标准的定额量，该量和价将作为招投标商务阶段的数量、价格参考依据。

3.4 营销推广阶段 BIM 应用

BIM 技术本身具备可视化特性，在住宅开发项目中将三维可视化技术运用在建筑表现中，可以将住宅项目定位、产品卖点以可视化手段进行充分展示。通过三维可视化技术，可以将建筑功能空间进行艺术性的虚拟"真实"表达，如尚未建成的配套设施，或尚未完工的精装样板房，结合 BIM 的属性信息，进行卖点展示，可以大大降低营销成本，有效提高营销效果。

虚拟营销中的 BIM 模型与实际工程中的模型还不一致，需要对模型进行艺术效果二次加工，以实现营销表现最佳效果。具体实施流程如下：

（1）由营销部发起 BIM 营销流程，并提交营销漫游需求说明。

（2）将需求说明，上传到管理平台中。

（3）BIM 技术部根据需求说明，对模型进行加工，实现模型的轻量化。

（4）对轻量化后的模型，依据艺术表达真实感要求，对模型添加相应的灯光、环境信息并进行渲染。

（5）针对虚拟漫游的市场定位要求，对局部专项进行制作，并添加相应的参数信息，向用户宣传产品定位和住宅产品特点。

（6）将最终制作完善的虚拟漫游模型信息导入管理平台，发布。

（7）最终用户通过管理平台，对产品进行虚拟漫游，感受产品信息（图3–12）。

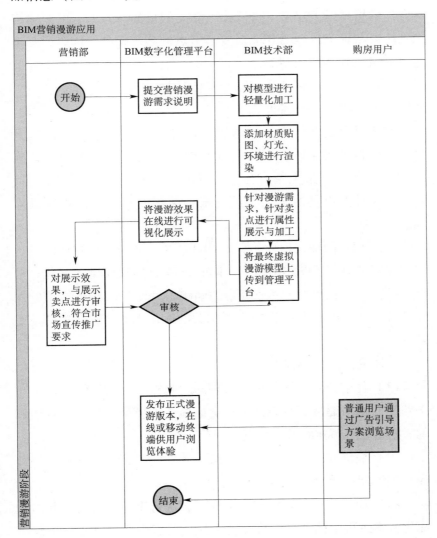

图 3 – 12
营销漫游
BIM 实施
流程图

3.5 施工建造阶段 BIM 应用

施工阶段是住宅开发中的重要阶段，是产品从方案到实体的重要过程。传统二维时代，施工需看图施工，技术上可施工性差，可能导致施工质量不能保证、施工工期拖延、工程变更频繁等问题，以及工程资源大量浪费业主、投资成本增加。

通过 BIM 技术，基于三维模型的可视化与参数化特点，对设计模型进行施工深化，在此基础上根据施工现状进行施工优化，从而达到提高施工效率、降低施工变更的目的。另外，由按图施工到按模型施工，实现 BIM 对复杂节点的施工指导。同时，基于业主 BIM 的施工需要对施工过程中的进度、质量、投资等重要节点进行管控，实现 BIM 贯穿整个施工过程。

3.5.1　BIM 施工深化管理

按照国内现有住宅开发流程，设计院提交的施工图模型是无法直接指导施工的，因为设计与施工割裂，设计人员出的施工图不能真正意义上指导施工。所以，国内在施工准备阶段，需要对设计院出具的施工图进行施工深化处理，以便指导具体施工。

基于 BIM 的深化设计，利用 BIM 技术优势，可发现设计过程中的冲突，对施工图作出修正，同时，基于 BIM 模型的深化，可有效解决施工过程中多专业综合的问题。另外，在 BIM 模型的深化基础之上，可以进行 BIM 模型相关的优化工作，进而提升施工效率。

具体施工深化流程如下：

（1）住宅开发主体的项目管理部发起施工深化流程。

（2）由参建方下载设计院提交的施工图模型，并根据合同标的，对施工区域进行施工深化。

（3）根据施工模型出施工图纸，伴随施工相应的文档，一并提交到管理平台中。

（4）项目管理团队对施工深化方案进行审核，对符合要求的深化方案进行归档，对不符合施工深化要求的交由施工方继续深化，并重走相关流程。

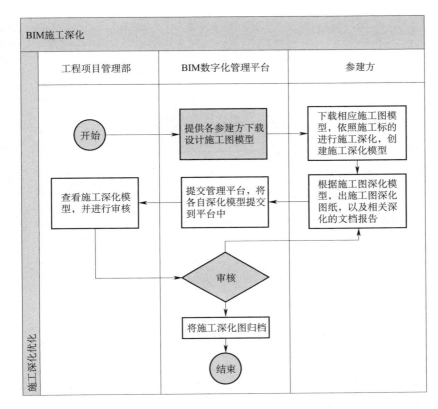

图 3 – 13
BIM 施 工
深 化 流 程
图

3.5.2　BIM 施工优化管理

施工优化是在施工深化基础之上，结合各专业实际情况，根据施工实际情况进行优化工作。具体指利用 BIM 模型进行多专业综合的过程中，实现多专业下的结构洞口预埋、机电安装专业综合、管线路由优化等。基于 BIM 的施工深化流程如下：

（1）施工项目管理部发起施工优化流程。

（2）参建方在施工深化模型基础之上，针对各专业情况分别进行优化，其中主要优化方案为机电专业围绕重点管线路由优化、土建专业围绕洞口预留预埋进行优化、幕墙专业围绕伸缩缝进行外观优化。

（3）各方将最终优化报告提交到管理平台中。

（4）工程项目管理部对方案进行审核，对符合管理要求的进行归档，对不符合要求的，由参建方重新进行优化。

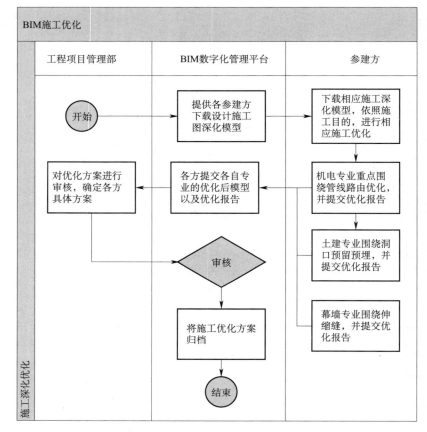

图 3 -14
BIM 施工
优化流程
图

3.5.3 BIM 施工模拟管理

在施工过程中，施工进度管理是项目管理中的难点，因其影响因素众多，这其中包括施工技术、施工工艺数量、人员素质、施工工序安排以及材料设备进场时间等众多因素，还包括施工现场天气、施工周边"拆迁维稳"环境等意外因素导致的施工延误等。传统施工进度管理，主要通过项目进度甘特图等方式进行项目进度描述，结合形象照片来把控实际项目管理。

基于 BIM 方式，可以充分利用可视化手段，通过进度计划与构件信息的关联，实现动态模拟施工进度，提前发现和识别影响施工进度的因素，直观了解影响进度的相关因素，保障施工顺序执行。找到进度前置与后续影响因素，在 BIM 应用中，施工模拟是保证施工进度的重要手段。其具体应用流程如下：

（1）由工程项目管理部，发起 BIM 施工进度模拟流程。

（2）由各参加方，根据自身施工进度计划与施工模型进行挂接，并形成施工进度模型。

（3）将施工进度模型，上传到施工管理平台中，管理平台解析施工进度信息与模型信息，实现动态的施工进度模拟。

（4）工程管理部对施工进度模拟，进行审核把关，对符合预期的施工进度归档，作为最终项目施工进度计划，对不符合预期的，要求施工参与方重新进行施工。

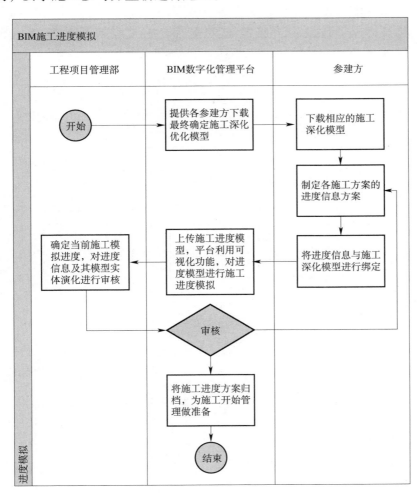

图 3 - 15
BIM 施 工
进 度 模 拟
流程图

3.5.4　BIM 施工交底管理

传统建筑施工企业中的技术交底，是在某一单位工程开工前或一个分项工程施工前，由相关专业技术人员向参与施工的人员进行技术性交代，其目的是使施工人员对工程特点、技术质量要求、施工方法与措施和安全等方面有一个较详细的了解，以便于科学地组织施工，避免技术质量等事故的发生。各项技术交底记录也是工程技术档案资料中不可缺少的部分。

利用 BIM 可视化，可进行直观的技术交底，特别是针对施工过程中的重大专项，涉及复杂的施工工艺，可通过 BIM 视图机制，提供到施工班组的施工交底。施工交底具体流程内容如下：

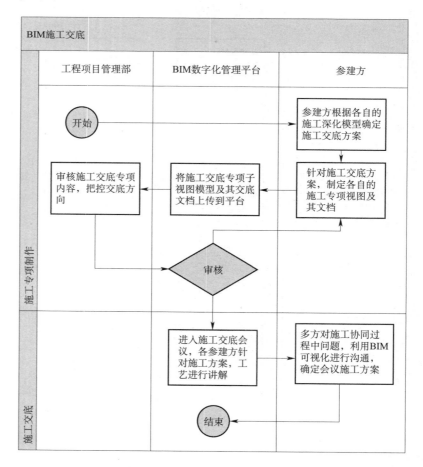

图 3-16 BIM 施工交底流程图

（1）由工程项目管理部发起施工交底流程。

（2）各参建方对各自施工交底模型、交底视图、文档做准备工作。

（3）将各自施工交底模型、资料上传到管理平台中。

（4）由项目管理部进行审核，符合要求进入施工交底环节。

（5）各参与方针对各自模型进行施工交底，针对施工过程中问题，以平台可视化进行沟通，交流。

（6）施工交底结束，施工图、模型交由施工班组进行施工。

3.5.5　BIM 施工进度管理

施工进度管理是施工过程管理重要内容，主要通过实际进度与计划进度的比对，管理方及时监控施工进度状况，对施工延期导致的各种问题，进行识别与解决。传统施工进度管理都是基于施工现场会与施工进度单进行管理，现基于 BIM 技术，可实现实际进度与计划进度的形象对比，通过软件系统预制参数，对施工拖延进行报警，提升管理水平，保障项目整体实施进度。具体实施流程如下：

（1）由工程项目管理部发起进度管理流程，参建方制定各自实施计划。

（2）将施工进度计划与施工模型挂接，形成进度计划模型。

（3）将施工进度模型上传到数字化管理平台中。

（4）监理方根据项目实际进度时间与项目模型进行挂接，形成实际进度模型。

（5）将实际进度模型与计划进度模型做比对，发现进度问题，并在系统中进行进度预警。

（6）管理方根据进度预警信息，在每周项目例会中，通过可视化向施工方通告进度延误状况。

（7）以此流程到整体施工竣工结束。

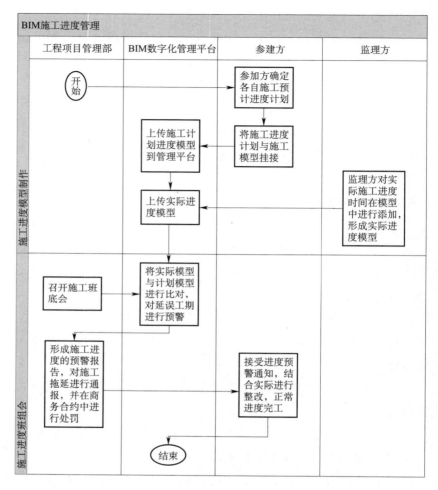

图 3 - 17
BIM 施 工
进 度 管 理
流程图

3.5.6 BIM 施工变更管理

项目变更是工程项目中的常见施工状况，项目变更作为项目常态，是项目管理中的重要内容，是控制项目成本、保证项目进度的主要管控对象。传统项目管理工程中，参建方以施工变更单作为变更依据进行变更，并作为最后项目决算、追加项目款项的依据。由于传统管理方式和手段缺失，在管理流程中存在漏洞，可能导致变更单满天飞、投资方与参建方互相扯皮的情况。

针对以上情况，基于 BIM 的施工变更管理，通过模型真实信息来解决变更的科学必要性问题，并解决最后的变更统计以及在施工决算中的问题。形象直观的变更可视化结果，为管理提供了决策手段。具体变更中的管理流程如下：

（1）由变更方发起变更申请，并根据自身变更内容，将相应的变更模型随变更申请，一块提交到管理平台中。

（2）项目管理方对变更方的模型及其变更申请，进行审核，通过 BIM 模型可视化及其相应项目配套信息，审核变更的必要性。

（3）对必要变更审核通过，并通知施工方进行变更，变更计入变更过程。不予通过的变更，打回施工方。

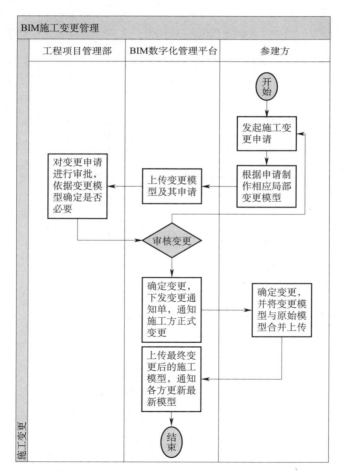

图 3-18
BIM 施工
变更流程
图

3.5.7 BIM 施工质量管理

施工质量是施工管理中的重要环节，是保证住宅产品品质的重要手段，通过结合 BIM 可视化技术，将质量问题与模型中具体质量构件进行关联，便于管理方快速定位质量问题位置、质量严重程度，进而下达质量管理指令。其具体流程如下：

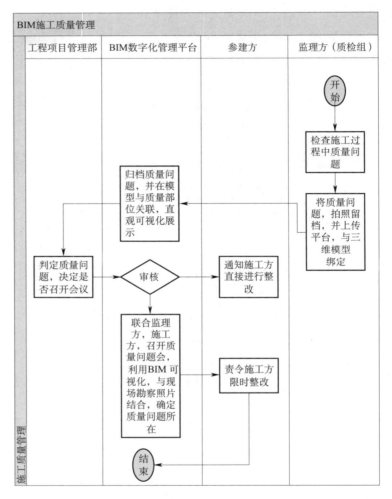

图 3 – 19
BIM 施工
质量管理
流程图

（1）由监理方发起质量管理流程。

（2）监理方将质量问题与模型进行绑定，并上传到平台中。

（3）工程项目管理部，将模型及其质量问题可视化预览，确定质量严重等级，就严重质量问题召开质量专题会，责令施工方限时整改。质量问题不严重的，直接向施工方下达整改指令。

（4）施工质量流程结束。

3.5.8 BIM 施工安全管理

施工安全是文明施工重要内容，是涉及施工人员生命健康的重大问题，基于 BIM 模型进行安全方案模拟与推演，结合施工过程中的安全管理，及时发现施工安全隐患，为管理方提供安全预警，提高安全认识，进行及时对施工安全管理的科学决策。

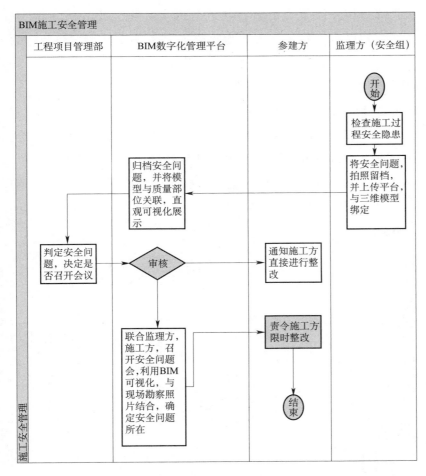

图 3－20
BIM 施 工
安 全 管 理
流程图

（1）由监理方发起安全管理流程。

（2）监理方将质量问题与模型进行绑定，并上传到平台中。

（3）工程项目管理部将模型及其质量问题可视化预览，确定安全严重等级，就严重质量问题召开质量专题会，责令施工方限时整改；质量问题不严重的，直接向施工方下达整改指令。

（4）施工质量流程结束。

3.6 交付运维阶段 BIM 应用

交付是工程建设竣工的重要工作，除了进行实体工程验收外，还需要将包括工程质量文档、安全资料文档、设计图纸、施工图纸、BIM 模型等资料一并进行提交。基于 BIM 竣工模型提交，可以结合工程实体竣工验收成果，在 BIM 模型中进行体现。另外，竣工验收作为工程结束、建筑运维阶段的开始，结合 BIM 运维应用，应进行具体的规划安排，以满足运维需求。

3.6.1 BIM 竣工交付管理流程

BIM 竣工交付是与工程建筑实体一同进行交付，其主要价值体现在，通过 BIM 模型验证竣工 BIM 实体实际完成情况。另一方面，BIM 竣工模型可以作为运维阶段的运维模型基础，为运维打下基础。具体操作流程如下：

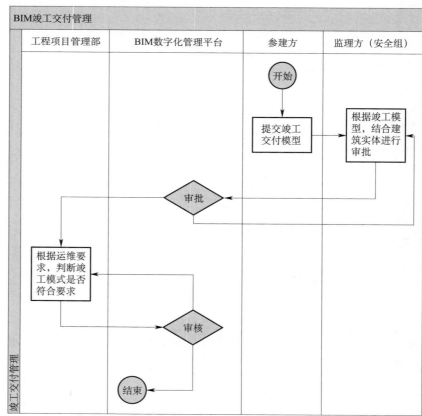

图 3-21
BIM 竣工交付流程图

（1）由参建方发起流程，通过平台提交竣工交付模型。

（2）监理方根据参建方的模型，进行实体比对，然后进行审核。

（3）工程项目管理部根据运维要求，参建方模型进行审核。

（4）对审核通过后的进行归档。

3.6.2 基于用户的 BIM 机电运维管理流程

住宅产品的业主是最终消费用户，在机电维修上，特别是户型内部的机电设施出现故障，需要以 BIM 的三维模型的支持，以简单、直观的展示效果来为用户维修提供解决方法。

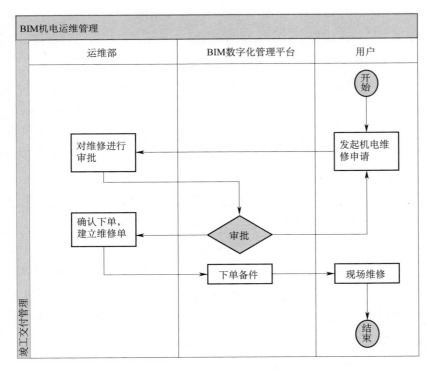

图 3-22
BIM 机电运维流程图

（1）用户在平台中，申请进行机电维修。

（2）运维部根据保修要求，酌情进行保修审批。

（3）审批通过的，系统生成机电维修订单。

（4）运维部下单，去库存取件。

（5）现场维修，结束。

第四章 住宅开发 BIM 数据传递标准化应用

基于业主全产业链住宅开发过程中，业主作为 BIM 实施的最终受益者，也是 BIM 实施的投资者，在实施过程中，需要对参与方 BIM 实施成果进行考核与量化，以此来保障 BIM 后续实施成果，最终达到预期目标。这就需要在各阶段 BIM 模型流转中，有标准化规范守则进行指导，其主要目的如下：

（1）规范各阶段模型创建动作：主要 BIM 相关参与方，在 BIM 模型创建修改过程中，以模型创建标准为依据，对模型进行创建、修改，从而保证建模质量，为后期 BIM 实施所需数据作好准备。

（2）规范各阶段数据交付成果内容：主要就 BIM 相关参与方，在交付具体 BIM 应用成果中，除对 BIM 模型几何与属性信息的模型精度要求外，作为业主方，重点关注 BIM 模型在建筑设计、施工、运维过程中的运用成果，BIM 交付内容是考核各参与方运用 BIM 技术的重要依据。

这里主要就 BIM 模型交付深度等级和 BIM 应用中的应用成果内容进行规范。其主要内容为：

（1）BIM 模型精度：主要规范在模型创建阶段，模型几何信息与属性信息的层级深度，基于国际通用的 LOD（Level of Detail）层级细节规范，对相关模型进行要求，本课题论证 BIM 移交过程中的数据交付规范，下面将主要围绕施工深化阶段，结合 LOD 规划，对施工深化模型尝试深度要求进行要求。

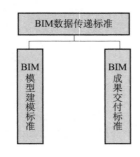

图 4-1
住宅数据
交付标准
化框架

（2）BIM 应用成果交付内容：主要规范基于 BIM 模型在各专业阶段中的应用成果要求，使各参与方提交符合要求的 BIM 应用成果，提高 BIM 应用价值。

4.1 BIM 模型信息交付深度规范

交付模型精度要求，包括两部分：第 1 部分，BIM 专业模型深度，要求从建筑、结构、机电等主要专业角度对模型的几何、非几何信息进行描述；第 2 部分，构件信息深度，要求从构件深度等级要求进行描述。

1. BIM 专业模型深度要求，其具体要求如下：

（1）模型深度等级是指模型复杂程度和信息粒度的等级划分，一般是按照模型的用途及所能包含的信息量而定。

（2）模型深度等级分为 5 个区间等级，即 1.0 级、2.0 级、3.0 级、4.0 级、5.0 级，又称为模型深度，模型深度的具体描述又分为几何信息深度和非几何信息深度两个方面。

（3）模型深度等级按不同专业划分，包括建筑专业模型深度等级、结构专业模型深度等级、机电专业模型深度等级。具体来说，模型深度等级根据不同的设计专业，划分为建筑、结构、机电三类模型深度等级，在 BIM 实施中设计单位可根据自身的业务特点，划分更为详细的专业深度等级，如结构专业可以细化为钢结构专业、幕墙专业模型深度等级，机电专业可细化为暖通空调专业、强弱电专业等模型深度等级。各专业深度等级划分时，应注意使每个后续等级都包含前一等级的所有特征，以保证各等级之间模型和信息的内在逻辑关系。

（4）模型深度是衡量 BIM 交付物等级的重要依据。具体内容见附录一：专业模型深度等级表。

2. 构件信息要求，构件信息分 1.0 ~ 5.0 的 5 个等级，对应 LOD 中的 100 到 500，根据不同构件、不同专业阶段，进行具体构件深度要求。请参见附录二：模型建模构件深度等级要求。

4.2 BIM 应用成果交付规范

4.2.1 前期策划阶段 BIM 成果交付规范

多方案比选 BIM 交付规范

（1）交付目的

利用 BIM 参数化、可视化技术，为方案确定提供包括户型方案、造价等重要数据在内的多种参数指标，为方案优化、决策提供直观的数据支持。

（2）交付成果要求

a）提交 BIM 方案模型：基于现有资源库，进行快速方案模型搭建，提交符合方案阶段模型文件。

b）提交 BIM 方案比选报告：通过现有方案模型，以企业定额库为基准，提供算量与算价的数据比选参数，另外，报告需体现设计方案指标、方案整体规划三维可视化效果展示。

图 4 - 2
设 计 方 案
BIM 比 选
效 果 图
（右侧含草
地）

图 4 - 3
设计方案
BIM 比选
效 果 图
（右侧无草
地）

4.2.2　规划设计阶段 BIM 成果交付规范

1. 初步设计 BIM 参数化优化交付规范

（1）交付目的

利用 BIM 参数化功能，对相关设计方案进行参数化对比，利用可视化效果，为决策者进行决策提供直观效果对比，并将参数与可视化表达效果一起作为方案优化的依据，为最终方案优化与决策提供依据。

（2）交付成果要求

a）提交各方案的绿色、日照等专项测试报告。

b）提交基于各方案专项的综合优化报告，针对各专项方案测试参数指标，提出优化方案，并在模型中就优化方案进行分析，将分析结果随优化报告一同提交。

2. BIM 碰撞分析交付规范

（1）交付目的

利用 BIM 参数化与几何特性，可解决二维时代不能解决的多

图 4 – 4
BIM 日照
分析效果
图

专业综合的碰撞检查，如机电安装企业在结构、机电本身等碰撞问题，进而提高设计品质，降低后期多专业打架问题。

（2）交付成果要求

a）提交建筑、结构、机电、幕墙多专业碰撞分析报告，包括机电与结构、机电管线之间的碰撞检查报告。

b）提交碰撞优化报告，针对碰撞分析报告进行设计修改，重新进行碰撞复查，解决碰撞问题，并提交最终的碰撞优化报告及其"零碰撞"模型。

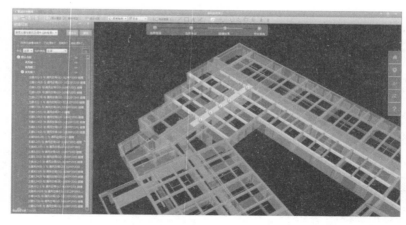

图 4 – 5
广联达审
图中 BIM
模型碰撞
检查

3. BIM 设计成果校核交付规范

（1）交付目的

对 BIM 成果进行校核，保证 BIM 设计成果能按照设计指标、标准规范等要求进行设计与模型交付。通过成果校核，可以推进全生命周期模型移交，避免早期模型质量对后期的严重影响，是数字化移交中保证数据质量的重要手段。

（2）交付成果要求

a）提交模型校核报告，对模型检查中，不符合设计规范、设计指标、国标强条等内容在检查报告中进行清晰的描述与分析，并给出修改方案。

b）提交校核修改优化报告，针对模型检查校核报告中的问题，进行逐条修改，并将最终修改后的模型，重新进行校核，提交最后的校核修改优化报告。

4. BIM 可视化协调交付规范

（1）交付目的

基于 BIM 的设计交底，是 BIM 可视化与参数化特性的具体体现，其主要目的是通过可视化，将设计过程、设计意图、设计方法进行直观的表达，对潜在设计问题，进行明确定位，以高效沟通方式达到设计交底的目的。

（2）交付成果要求

a）提交模型交底视图，制作各种专项视图接口，并在设计交底中通过专项视图接口，利用平台可视化功能，向参与方进行展示。

b）提交可视化交底会议报告，将参会过程中的相关问题进行总结归档，为后续设计工作改进提供需求依托。

4.2.3　招投标阶段 BIM 成果交付规范

1. 招投标 BIM 管理交付规范

（1）交付目的

以招标 BIM 要求为门槛，筛选各方 BIM 实施能力，从商务合约角度约束各参与方的 BIM 参与动作。

（2）交付成果要求

a）提交招投标阶段 BIM 模型，为便于投标方理解招标工程概况，通过平台发布轻量化 BIM 模型，供投标方使用。

b）提交 BIM 招标书，对投标方的 BIM 应提交投标模型，以便考察投标方的 BIM 能力。同时，就中标方在未来项目中应该具备的 BIM 能力、BIM 工作范围在标书中进行明确说明，以便于投标方商务报价和未来作为合同约定进行考核。

2. 招投标 BIM 算量比对交付规范

（1）交付目的

通过 BIM 模型来获取工程量信息，无需针对算量单独重复建模，相较于传统工程算量能大大节约时间成本。同时，相比人工计算更加高效，通过 BIM 算量，为咨询公司算量提供对比数据，为工程招投标提供数据支持。

（2）交付成果要求

a）提交模型交底视图，制作各种专项视图接口，并在设计交底中通过专项视图接口，利用平台可视化功能，向参与方进行展示。

\<清单_预制-矩形梁\>				
A	**B**	**C**	**D**	**E**
项目编码	项目名称	数量	工程量	计量单位
010510001	Y-2L4短-C30	1	0.25 m³	m³
010510001	Y-2WKL4-C30	4	2.44 m³	m³
010510001	Y-2YKL4-C40	1	1.77 m³	m³
010510001	Y-2YKL5-C40	1	1.81 m³	m³
010510001	Y-2YKL6-C40	1	2.22 m³	m³
010510001	Y-2YKL7-C40	1	1.81 m³	m³
010510001	Y-KL1-C30	8	2.90 m³	m³
010510001	Y-KL2-C30	4	1.61 m³	m³
010510001	Y-L1-C30	10	4.26 m³	m³
010510001	Y-L2-C30	6	2.65 m³	m³
010510001	Y-L3A-C30	1	0.44 m³	m³
010510001	Y-L3B-C30	1	0.44 m³	m³
010510001	Y-L4-C30	1	0.56 m³	m³
010510001	Y-L5-C30	1	0.44 m³	m³
010510001	Y-WKL1A-C30	2	1.22 m³	m³
010510001	Y-WKL1B-C30	2	1.22 m³	m³
010510001	Y-WKL2-C30	2	1.30 m³	m³
010510001	Y-WKL3-C30	2	1.30 m³	m³
010510001	Y-WL1-C30	16	6.81 m³	m³
010510001	Y-WL2-C30	8	3.53 m³	m³
010510001	Y-YKL1-C40	2	4.34 m³	m³
010510001	Y-YKL2-C40	3	6.70 m³	m³
010510001	Y-YKL3-C40	1	2.21 m³	m³
010510001	Y-YKL8-C40	1	2.17 m³	m³
010510001	Y-YWKL1-C40	2	5.45 m³	m³
010510001	Y-YWKL2-C40	2	4.77 m³	m³
010510001	Y-YWKL4-C40	2	4.86 m³	m³
010510001	Y-YWKL5-C40	2	5.45 m³	m³
010510001	Y-YWKL6-C40	2	5.58 m³	m³
总计：90		90	80.52 m³	

图 4-6 BIM 模型生成与土建国标清单量

b）提交可视化交底会议报告，将参会过程中的相关问题进行总结归档，为后续设计工作改进提供需求依托。

<清单_水-管道>

A	B	C	D	E
项目编码	项目名称	管径	系统类型	长度
031001006	管道类型：J给水_不锈钢钢	Φ32	J景观给水	55.800 m
031001006	管道类型：J给水_不锈钢钢	Φ63	J景观给水	256.521 m
031001006	管道类型：J给水_不锈钢钢	Φ90	J景观给水	22.002 m
031001006	管道类型：J给水_不锈钢钢	Φ110	J景观给水	197.621 m
031001006	管道类型：P排水_铸铁管	Φ110	P景观排水	121.458 m
031001006	管道类型：P排水_铸铁管	Φ160	P景观排水	117.810 m
031001006	管道类型：P排水_铸铁管	Φ225	P景观排水	70.091 m
031001006	管道类型：P排水_铸铁管	Φ315	P景观排水	178.965 m
总计：236				1020.269 m

图 4-7
BIM 模型生成安装国标清单量

<清单_装修-厨房面砖>

A	B	C	D	E	F	G
项目编码	项目名称	宽度	高度	数量	面积	计量单位
011207001	厨房卫浴面砖	85 mm	300 mm	7	0.179 m²	m²
011207001	厨房卫浴面砖	200 mm	300 mm	5	0.300 m²	m²
011207001	厨房卫浴面砖	240 mm	300 mm	9	0.648 m²	m²
011207001	厨房卫浴面砖	250 mm	300 mm	4	0.300 m²	m²
011207001	厨房卫浴面砖	265 mm	300 mm	7	0.556 m²	m²
011207001	厨房卫浴面砖	285 mm	300 mm	9	0.769 m²	m²
011207001	厨房卫浴面砖	290 mm	300 mm	9	0.783 m²	m²
011207001	厨房卫浴面砖	300 mm	275 mm	2	0.165 m²	m²
011207001	厨房卫浴面砖	300 mm	300 mm	182	16.380 m²	m²
011104002	木地板	231 mm	90 mm	10	0.208 m²	m²
011104002	木地板	451 mm	90 mm	4	0.162 m²	m²
011104002	木地板	531 mm	90 mm	10	0.478 m²	m²
011104002	木地板	750 mm	90 mm	4	0.270 m²	m²
011102003	瓷砖地面	230 mm	280 mm	1	0.064 m²	m²
011102003	瓷砖地面	230 mm	300 mm	7	0.483 m²	m²
011102003	瓷砖地面	300 mm	280 mm	6	0.504 m²	m²
011102003	瓷砖地面	300 mm	300 mm	42	3.780 m²	m²
总计：318					26.029 m²	

图 4-8
BIM 模型生成的精装国标清单量

4.2.4　营销推广阶段 **BIM** 成果交付规范

1. 营销虚拟体验 BIM 交付规范

（1）交付目的

通过三维可视化技术，将建筑空间进行艺术性的"真实"表达，特别适合住宅开发类企业，在不进行现场样板间精装的情境下，通过虚拟现实表现技术，将 BIM 精装样板间模型进行展现，让潜在客户通过互联网随时随地访问，大大提高营销效率，降低营销成本。

（2）交付成果要求

a）提交虚拟营销轻量化模型。设计方通过对模型轻量化，主要对无需展示的建筑细节进行删减，在保留建筑整体外立面情况下，只需保留需要进行展示的关键场景，如样板间模型，而对无需展示的机电、地下工程等细部进行删减。

b）提交虚拟营销交互系统。第三方软件厂商根据展示要求，依托轻量化的 BIM 模型。

图 4 - 9
Lumion 导入 BIM 模型的三维效果图

图 4 - 10
基于 BIM 模型的 U-nity3D 制作的室内漫游效果图

4.2.5 施工建造阶段 BIM 成果交付规范

1. 施工深化 BIM 交付规范

（1）交付目的

基于 BIM 的深化设计，利用 BIM 技术优势，可发现设计过程中的冲突，对施工图作出修正。同时，基于 BIM 模型的深化，可有效解决施工过程中多专业综合的问题。基于 BIM 的深化基础，可以进行 BIM 相关的优化工作，进而提升施工效率。

（2）交付成果要求

提交施工深化模型，对模型进行深化，提供包括施工辅助设施、临时设施等在内的施工深化模型，对施工进行指导。

2. 施工优化 BIM 交付规范

（1）交付目的

指利用 BIM 模型进行多专业综合过程中，各专业对洞口预埋、管线综合、路由优化等问题进行优化。

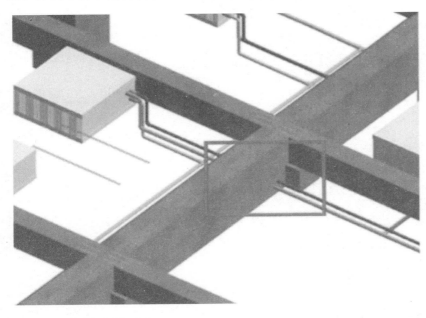

图 4 – 11
优 化 前
BIM 模型

（2）交付成果要求

a）提交施工专项优化报告，针对各专项进行优化，并出具相关报告。具体指机电与结构专业洞口预留预埋、结构与幕墙专业洞口预留预埋、机电内各专业管线综合、机电内管线路由优化等专项。报告应明确优化前后成果比对。

b）提交综合优化后的施工深化模型，将各优化专项方案进行综合，实现综合模型优化，并将最终优化综合模型作为施工指导模型，进行施工出图和现场工艺指导。

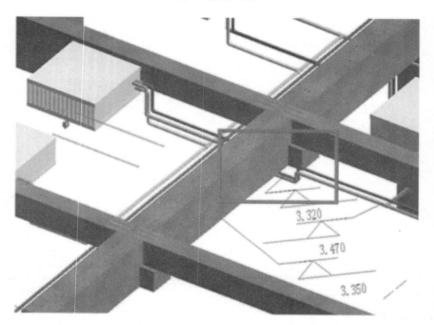

图 4－12
优 化 后
BIM 模型

3. 施工模拟 BIM 交付规范

（1）交付目的

基于 BIM 方式，利用可视化特性，将进度计划与构件信息关联，可实现动态模拟施工进度，直观了解影响进度的相关因素，找到进度前置与后续影响因子，在 BIM 应用中，施工模拟是保证施工进度的重要手段。

（2）交付成果要求

a）提交模拟 BIM 模型，针对需要进行施工模拟的专项方案，创建特定的施工模拟模型，如大型设备吊装中相关吊装及其辅助设备的模型。

b）提交 BIM 模拟视频，将施工模拟过程以视频方式进行提交，主要模拟部分，作为视频主体进行重点介绍。

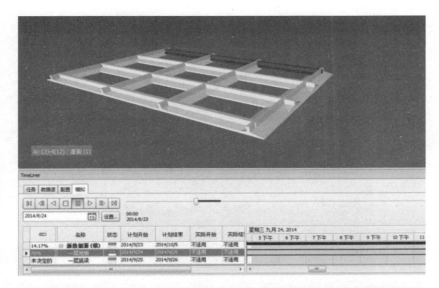

图 4 - 13
AutoDesk
公 司 Na-
visWork 进
行 BIM 进
度 模 拟 效
果图

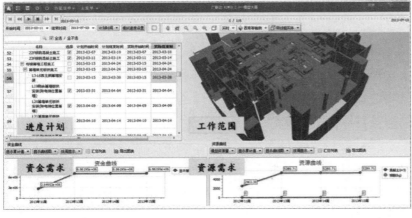

图 4 - 14
广 联 达
BIM5D 进
行 施 工 模
拟 效 果 图

4. 施工交底 BIM 应用成果交付

（1）交付目的

利用 BIM 可视化，可进行直观的技术交底，特别是针对施工过程中的重大专项，涉及复杂的施工工艺，可通过 BIM 视图机制，提供到施工班组的施工交底。

（2）交付成果要求

a）提交模型交底视图，设计方针对设计意图和方案，制作各种专项视图接口，并在设计交底中通过专项视图接口，利用平台可视化功能，向参与方进行展示。

b）提交可视化交底会议报告，将参会过程中的相关问题进行总结归档，为后续设计工作改进提供需求依托。

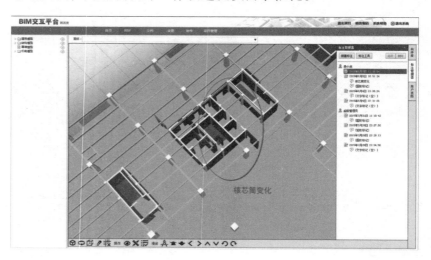

图 4－15 清华大学研发的 BIM 交互平台施工交底效果图

5. 施工进度管理 BIM 交付规范

（1）交付目的

基于 BIM 技术，可实现实际进度与计划进度的形象对比，通过软件系统预制参数，对施工拖延进行报警，提升管理水平，保障项目整体实施进度。

（2）交付成果要求

a）施工方提交总控进度计划，年、季、月、周的进度计划信息。

b）提供周施工进度模型，结合施工模型和施工分组信息，以周检验批，将周进度计划与施工模型进行挂接，形成最终的施工进度模型。

6. 施工变更管理 BIM 交付规范

（1）交付目的

基于 BIM 的施工变更管理，通过模型真实信息，既可解决变更的科学必要性问题，又解决了最后变更统计在施工决算中的问题。形象直观的变更可视化结果，为管理提供了决策手段。

（2）交付成果要求

a）提交变更模型，施工方根据变更申请，制作相应变更模型，为变更决策提供依据。

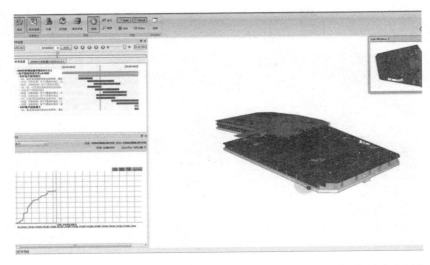

图 4 – 16
德国 RIB 公
司 BIM5D
平台

b）提交变更后综合模型，变更指令下达后，对需要变更部分，变更模型与综合施工模型进行叠合，产生最终的变更模型。

7. 施工质量管理 BIM 交付规范

（1）交付目的

通过结合 BIM 可视化技术，将质量问题与模型进行关联，便于管理方快速定位质量问题位置、质量严重程度，进而下达质量管理指令。

（2）交付成果要求

a）监理提交质量预警信息，针对施工过程中的质量问题及时提交。

b）提交质量模型，将质量问题与 BIM 信息进行挂接，可在模型中直接定位到质量问题，结合现场形象照片，便于决策。

8. 施工安全管理 BIM 交付规范

（1）交付目的

通过 BIM 模型，结合施工过程中安全管理，及时发现施工安全隐患，为管理方提供安全预警，提高安全认识，及时进行施工安全管理的科学决策。

（2）交付成果要求

a）监理提交安全预警信息，针对施工过程中的安全问题及时提交。

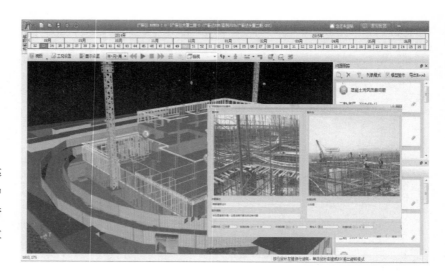

图 4 - 17 广联达 BIM5D 中的质量管理应用效果

b）提交安全预警模型，将安全隐患与 BIM 信息进行挂接，可在模型中直接定位到安全隐患，结合现场形象照片，便于决策。

图 4 - 18 鲁班 BIM 管理系统中安全管理应用效果

4.2.6 交付运维阶段 BIM 成果交付规范

（1）交付目的

通过 BIM 丰富信息，为运维阶段提供建筑构件、空间、厂家、维修保养信息查询，为维修提供空间定位，为紧急方案提供预演，从而提高运维效率，降低后期运维成本，发挥 BIM 全生命周期的数据管理优势。

（2）交付成果要求

a）提交综合竣工模型，包括全专业、模型深度达到运维等级要求的综合竣工模型。

b）监理提交与模型进度批次吻合的检验批次的质量、安全批次报告。

c）提供基于机电运维的数据访问接口，供后续运维系统访问。

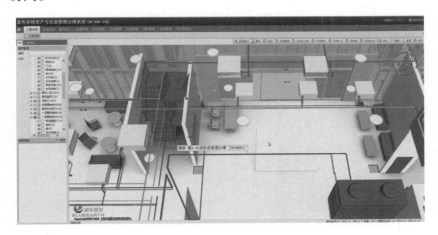

图 4 – 19
基 于 BIM
的 资 产 与
设 施 管 理
运维系统

第五章 工程实例

基于住宅开发业主 BIM 理论体系，通过在中建地产新疆幸福里项目、中建上海东孚锦绣天地售楼处项目 BIM 实施运用，重点论证基于业主需求的 BIM 标准和流程在实际住宅企业开发中的应用和实践。上述项目都是基于业主开发商角度，实践如何运用标准化实施流程、实现各阶段 BIM 数据流转，从而以可复制流程与标准来推进其他项目中住宅业主开发 BIM 实施，最终验证 BIM 在各阶段实施落地中的应用价值。

5.1 中建地产新疆幸福里住宅项目实践

5.1.1 幸福里项目概况

幸福里住宅小区项目位于乌鲁木齐市西北部经济开发区内。项目总建筑面积约 8.93 万 m^2，其中地上建筑面积 7.11 万 m^2，地下建筑面积 1.82 万 m^2，容积率 1.5，共有 13 栋单体，住宅 643 套。本项目是乌鲁木齐市的"绿色建筑示范工程"，获得了绿色建筑设计及评价二星级标识。

幸福里项目是"十二五"国家科技支撑计划课题《城镇住宅建设 BIM 技术研究及其产业化应用示范》的示范项目，在房地产开发设计、施工、营销等关键阶段广泛应用了 BIM 技术，主要创新点如下：

1. 创建了符合传统房地产开发流程的 BIM 技术全生命期技术标准和流程标准。

2. 创建了基于产品标准化的住宅项目开发 BIM 应用技术标准和流程标准，为具有标准户型的保障性住房开发建设开创了精细化管理的新模式。

3. 开创了 BIM 技术在成本精细化管理方面的新模式。通过管理动作前置，将传统在招投标阶段的成本管理前置到设计阶段，增加业主的成本管控能力。

4. 拓展了 BIM 技术在营销管理中的应用。通过 BIM 可视化、参数化的优势，实现虚拟营销。

图 5 - 1
中建新疆
幸福里小
区效果图

5.1.2 实施团队建设

中建新疆幸福里项目组建了一支包含多专业、项目经验丰富的 BIM 团队，主要有 2 个组：第一组为中建设计集团直营总部设计团队；第二组项目实施现场团队，就项目施工过程 BIM 实施进行管理。

中建幸福项目实施涵盖设计、施工两个阶段，包括建筑、结构、机电全专业工程师。其中，设计团队以中建设计集团直营总部总设计师薛峰为团队负责人，以中建设计集团直营总部设计一院第二设计所唐一文所长为主要技术负责人进行项目 BIM 设计工作。

设计团队在实施过程中，针对模型创建过程，梳理了模型创建标准和模型创建标准化流程，结合现有 BIM 资源库和项目实际需求，进行了快速建模。具体详见附录三《中建地产新疆幸福里住宅小区项目 BIM 设计标准实施细则》。

在实施现场，以中建地产新疆公司刘晓丹副总经理为实施团队负责人，强力推动现场 BIM 实施应用。在实施过程中，配备了专业齐全的现场 BIM 实施工程师，并根据实施需要，对施工参与方进行了 BIM 应用培训。

5.1.3 项目 BIM 应用

本项目中的 BIM 应用，都是基于中建地产新疆公司业主 BIM 需要的要求，进行 BIM 相关实施。所以，在实施过程中，以业主应用价值为核心，进行相关 BIM 应用实施的成果提交。在整个实施过程，为实现 BIM 业主实施应用价值，重点强调从行为上规范各方 BIM 实施动作，从交付上强调业主 BIM 实施成果要求。具体 BIM 应用实施安排如下：

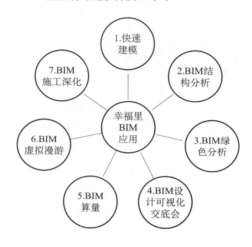

图 5 - 2
新疆幸福
里 BIM 应
用图

（1）基于资源库的方案模型快速搭建

通过资源库可以对包括构件、模型、标准层等基本建筑模型进行筛选，在建模软件中快速拼接创建方案模型，通过导入相关应用平台，实现算量、时间进度模拟，从而以算量与时间进度数据为依托，进行最优方案的比选。在幸福里项目中，具体的方案比选步骤如下：

a）通过资源库筛选功能，选出所需的建筑构件，并快速搭建功能空间模型。

b）在建模软件中，将由功能空间模型快速拼装，设计出户型模型。

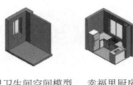

幸福里卫生间空间模型　　幸福里厨房空间模型

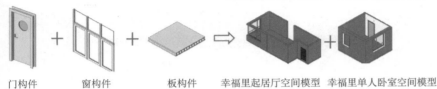

门构件　　　　窗构件　　　　板构件　　　幸福里起居厅空间模型　幸福里单人卧室空间模型

幸福里书房空间模型　　幸福里双人卧室空间模型

图 5 - 3
空 间 模 型
拼装示意图

幸福里卫生间空间模型　　　　　幸福里厨房空间模型

幸福里起居厅空间模型　　　　幸福里单人卧室空间模型

幸福里书房空间模型　　　　幸福里双人卧室空间模型

幸福里B户型模型

图 5 - 4
户 型 拼 装
示意图

c）由不同的户型，在建模软件中快速拼装成标准层。

d）由标准层拉伸成单体主体结构，同时，对非标准层区域，通过建模进行补充创建。

e）通过快速搭建的方案模型，在前期策划阶段，形成可视化的策划比选模型，为方案决策提供直观的可视化依据。同时，最终方案模型将作为设计的重要依据，进行 BIM 的"数字化移交"，为后续建模设计深化提供模型基础。将快速搭建的幸福里 2 号楼单体模型，与建成后实体建筑进行对比。

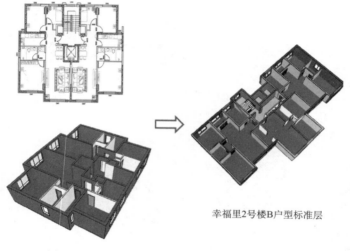

图 5－5
标准层拼装示意图

幸福里B户型模型

幸福里2号楼B户型标准层

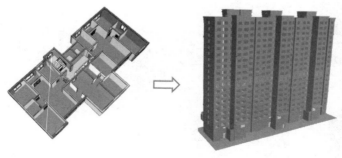

图 5－6
单体拼装示意图

幸福里2号楼B户型标准层

幸福里2号楼单体模型

　　经过快速建模，可直接进行方案阶段的可视化比选。另外，根据方案模型，输出设计参数，为方案比选提供数据支持。最终的胜出方案移交给设计深化团队，进行模型设计深化。

图5－7

拼装单体模型与实际效果对比

幸福里2号楼单体模型　　　　　　　　　　幸福里2号楼实体建筑

图5－8

1号楼模型效果图

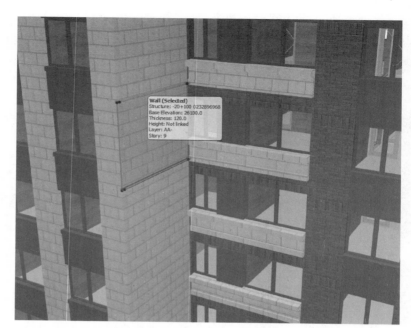

图 5 - 9
2 号楼模
型局部效
果图

图 5 - 10
3 号与 4 号
楼模型效
果图

图 5 - 11
6 号楼模
型效果图

图 5 - 12
8 ~ 14 号楼
整体模型
效果图

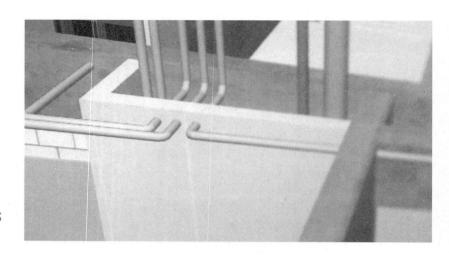

图 5 - 13
机电局部
细节图

图 5 - 14
机电综合
模型效果
图

（2）BIM 化结构设计与分析

通过 BIM 模型技术在结构设计中的具体运用，服务结构设计，提升设计品质，具体功能如下：

a）依据建筑平面快速绘制结构布置图；

b）导入 PKPM 结构计算软件进行结构受力计算；

c）将 GCD 模型导入广联达钢筋算量软件快速出量，为工程算量服务。

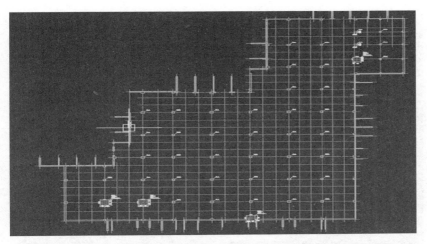

图 5 – 15

柱配筋图

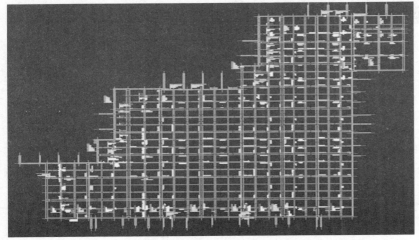

图 5 – 16

梁配筋图

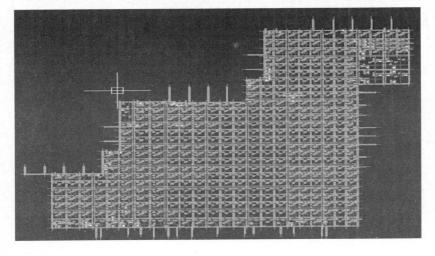

图 5 – 17

板配筋图

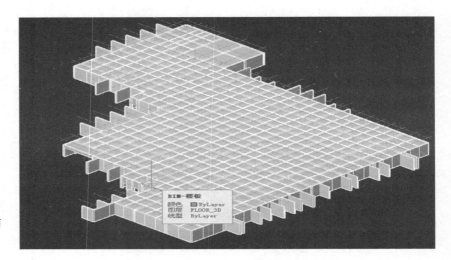

图 5－18 地下室结构模型

钢筋统计汇总表

工程名称：我的项目　　编制日期：　　单位：t

构件类型	合计	级别	6	8	10	12	14	16	18	20	22	25	28
柱	4.723	Φ		0.472	4.251								
	5.347	⊕								5.202	0.148		
墙	25.577	⊕	0.886		14.783	9.909							
暗柱\端柱	12.645	Φ			4.436	7.814	0.395						
	20.317	⊕							12.593		0.932		3.87
梁	70.571	Φ	0.149	3.891	6.14	32.891	23.211	4.289					
	145.36	⊕				6.351					6.284	105.252	16.791
现浇板	16.885	Φ	0.576	0.055	0.904	15.35							
合计	104.824	Φ	0.725	4.417	15.731	56.055	23.606	4.289					
	196.602	⊕	0.886		14.783	16.26			12.593	5.202	7.361	105.252	20.661

第1页 共2页

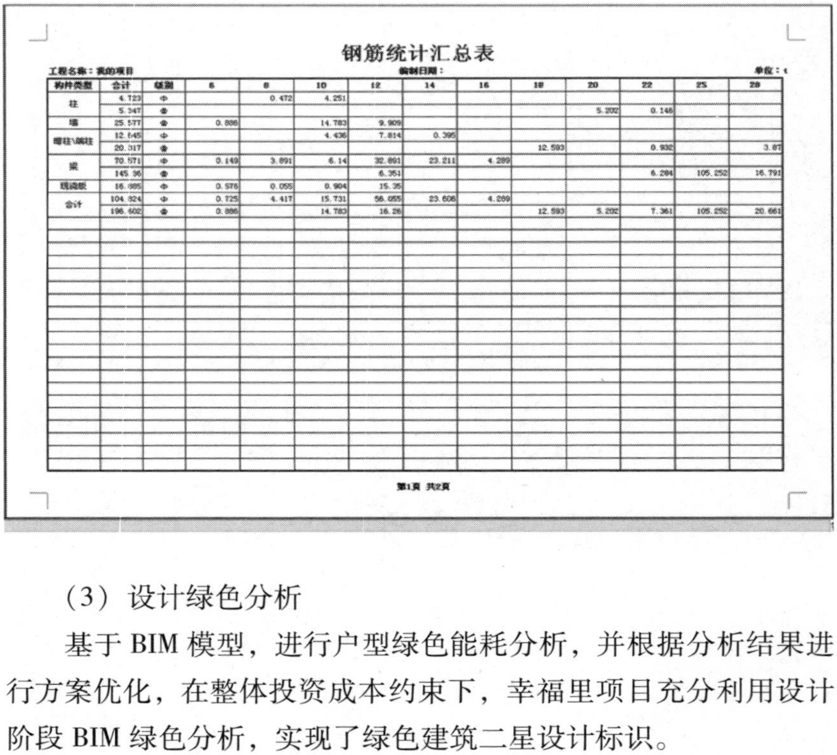

图 5－19 导出钢筋统计汇总表

（3）设计绿色分析

基于 BIM 模型，进行户型绿色能耗分析，并根据分析结果进行方案优化，在整体投资成本约束下，幸福里项目充分利用设计阶段 BIM 绿色分析，实现了绿色建筑二星设计标识。

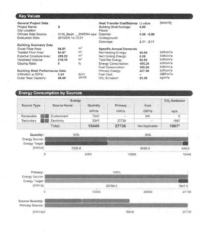

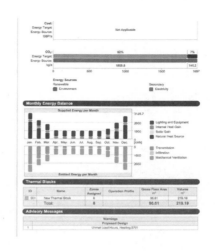

图 5 - 20
基 于 BIM
模 型 的 绿
色分析报告

（4）设计协调可视化交底会

新疆幸福里设计团队，通过 BIM 可视化效果，实现在设计环节的多专业协同配合，特别是在设计协调会中，通过 BIM 模型进行可视化讨论，可以有效发现设计中潜在问题，解决多专业配合中的协同障碍。

图 5 - 21
基 于 BIM
设 计 移 交
协调会

（5）BIM 算量

　　基于 BIM 模型，实现基于精确扣减规则，实现国标清单要求的快速算量，可为施工过程管理提供精准的成本数据支持，是工程项目精细化管理的关键。幸福里项目基于 BIM 模型，结合 BIM 算量软件，实现了土建的精确算量。

图 5 - 22
整 体 Revit
模型图

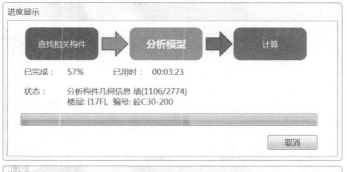

图 5 - 23
算 量 模 块
效果图

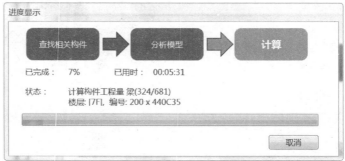

门窗汇总表

工程名称：6#0708　　　　　　　　　　　　　　　　　　　　第1页共7页

序号	名称	编号	项目特征	尺寸	单樘面积（m²）	楼层	数量	总面积（m²）
1	HN1121	HN1121		1325×2100	2.78	[－1F]	4	11.12
2	FN0718丙	FN0718丙		700×1800	1.26	[－1F]	6	7.56
3	M0921	M0921		900×2100	1.89	[－1F]	12	22.68
4	M0821	M0821		800×2100	1.68	[－1F]	7	11.76
5	HN1121	HN1121		1100×2100	2.31	[1F]	6	13.86
6	FN0718丙	FN0718丙		700×1800	1.26	[1F]	6	7.56
7	M0921	M0921		900×2100	1.89	[1F]	18	34.02
8	M0821	M0821		800×2100	1.68	[1F]	12	20.16
9	WN1524	WN1524		1500×2400	3.60	[1F]	3	10.80
10	C1817	C1817		1800×1700	3.60	[1F]	6	18.36
11	C2417	C2417		2400×1700	4.08	[1F]	6	24.48
12	C1515	C1515		1500×1500	2.25	[1F]	11	24.75
13	C1515	C1515		1680×1500	2.52	[1F]	1	2.52
14	C1515	C1515		500×1500	0.75	[1F]	6	4.50
15	C0915	C0915		900×1500	1.35	[1F]	2	2.70
16	HN1121	HN1121		1100×2100	2.31	[3F]	5	11.65
17	FN0718丙	FN0718丙		700×1800	1.26	[3F]	6	7.56
18	M0921	M0921		900×2100	1.89	[3F]	17	32.13
19	M0921	M0921		975×2100	2.05	[3F]	1	2.05
20	M0821	M0821		800×2100	1.68	[3F]	12	20.16
21	C1817	C1817		1800×1640	2.95	[3F]	3	8.85
22	C1817	C1817		1800×1700	3.06	[3F]	3	9.18
23	C2417	C2417		2400×1640	3.94	[3F]	4	15.76
24	C2417	C2417		2400×1700	4.08	[3F]	1	4.08
25	C2417	C2417		2580×1700	4.39	[3F]	1	4.39

图5-24
算量门窗
汇总表

建筑工程量汇总表

工程名称：6#0708

板

序号	做法	部位	单位	总计	基础	-1F	1F	3F	4F	5F	6F	7F	8F	9F	10F	11F	12F	13F	14F	15F	16F	17F
1	混凝土楼板 C30-180（卫生间）	板 板体积	m³	71.28			6.48	6.48	6.48	6.48	6.48	6.48	6.48	6.48	6.48	6.48	6.48					
2	混凝土楼板 C30-160	板 板体积	m³	8.90		8.07	0.83															
3	基础底板1	板 板体积	m³	336.47	336.47																	
4	混凝土楼板 C30-130	板 板体积	m³	82.11				3.12									69.25		1.64		8.10	
5	混凝土楼板 C30-180	板 板体积	m³	856.98			77.80	77.92	77.92	77.92	77.92	77.92	77.92	77.92	77.88	77.92	77.94					
6	常规-150mm	板 板体积	m³	1.44																1.44		
7	GRC板-100	板 板体积	m³	18.36										18.36								

窗

序号	做法	部位	单位	总计	基础	-1F	1F	3F	4F	5F	6F	7F	8F	9F	10F	11F	12F	13F	14F	15F	16F	17F
1	C1817	窗 窗洞面积	m²	199.32			18.36	18.03	18.03	18.03	18.03	18.03	18.03	18.36	18.36	18.36	17.70					
2	C2417	窗 窗洞面积	m²	267.86			24.48	24.23	24.23	24.23	24.23	24.23	24.23	24.79	24.79	24.48	23.94					
3	C1515	窗 窗洞面积	m²	267.88			27.27	30.68	38.76	20.73	20.73	22.89	20.73	20.34	20.64	25.02	13.34		6.75			
4	C0515	窗 窗洞面积	m²	47.99			4.50	4.32	4.61	4.32	4.32	4.32	4.32	4.32	4.32	4.32	4.32					

图 5-25

建筑工程量汇总表

实物工程量汇总表

工程名称：6#0708 第 1 页共 1 页

序号	构件名称	项目名称	项目特征	单位	工程量
	分组编号：室内				
1	板	板体积	混凝土强度等级：C25；离地面总高≤30m；坡度：≤0.19；	m³	1375.54
2	窗	窗樘面积		m²	812.70
3	窗	数量	材料类型：玻璃塑钢窗框；名称：C0515；截面形状：；	樘	66
4	窗	数量	材料类型：玻璃塑钢窗框；名称：C0515；截面形状：；	樘	164
5	窗	数量	材料类型：玻璃塑钢窗框窗套材质；名称：C0915；截面形状：；	樘	22
6	窗	数量	材料类型：玻璃塑钢窗框窗套材质；名称：C2417；截面形状：；	樘	66
7	窗	数量	材料类型：塑钢窗框窗套材质；名称：C1817；截面形状：；	樘	66
8	栏杆	栏杆净长	材料类型：；	m	4.98
9	梁	单梁抹灰面积		m²	2.80
10	梁	梁体积	平面形状；直形；	m³	171.61
11	楼梯	楼梯间踢脚线面积	踢脚的材料：；备注：；	m²	0.91
12	楼梯	楼梯间踢脚线长	踢脚的材料：；备注：；	m	5.29
13	楼梯	楼梯水平面积	楼梯装饰材料：；模板类型：木模板；楼梯折合厚度：0.27m；备注：；	m²	4.99
14	楼梯	楼梯体积	备注：；；	m³	1.35
15	门	数量	材料类型：；名称：HM1121；截面形状：；	樘	69
16	门	数量	材料类型：；名称：WM1221；截面形状：；	樘	6
17	门	数量	材料类型：玻璃金属－铝；名称：WM1524；截面形状：；	樘	3
18	门	数量	材料类型：金属拉丝；名称：FM0718丙；截面形状：；	樘	72
19	门	数量	材料类型：木质；名称：M0821；截面形状：；	樘	139
20	门	数量	材料类型：木质；名称：M0921；截面形状：；	樘	210
21	门	数量	材料类型：砖，砖坯；名称：6#楼门厅檐口；截面形状：；	樘	1
22	墙	内墙钢丝网面积		m²	558.49
23	墙	砌体墙体积	砂浆材料：M5水泥石灰砂浆；	m³	2456.30
24	墙洞	洞侧壁面积		m²	7.20
25	墙洞	洞口面积		m²	12.00
26	腰线	腰线体积	离地面总高；≤30m；	m³	40.63
27	柱	柱体积	模板类型：木模板；	m³	6.00

图 5-26 基于国标的工程量清单

注：表内工程量"单位"为自然单位。

清单、定额展开汇总表

工程名称：6#0708　　　　　　　　　　　　　　　　　　　第 1 页共 4 页

序号	项目编码	项目名称	项目特征描述	计量单位	工程量
1	010304001001	空心砖墙、砌块墙	1. 空心砖、砌块品种、规格、强度；加气混凝土砌块； 2. 墙体厚度：0.1m； 3. 砂浆强度等级：M5 4. 墙体类型：内墙	m³	280.27
	3－6	M5 加气混凝土砌块	砂浆材料：M5 水泥石灰砂浆；砌体材料：加气混凝土砌块；平面位置：内墙；厚度：0.1m；	m³	280.27
2	010304001002	空心砖墙、砌块墙	1. 空心砖、砌块品种、规格、强度；加气混凝土砌块； 2. 墙体厚度：0.2m； 3. 砂浆强度等级：M5 4. 墙体类型：内墙	m³	1702.13
	3－6	M5 加气混凝土砌块	砂浆材料：M5 水泥石灰砂浆；砌体材料：加气混凝土砌块；平面位置：内墙；厚度：0.2m；	m³	1702.13
3	010304001003	空心砖墙、砌块墙	1. 空心砖、砌块品种、规格、强度；加气混凝土砌块； 2. 墙体厚度：0.3m； 3. 砂浆强度等级：M5 4. 墙体类型：内墙	m³	164.43
	3－6	M5 加气混凝土砌块	砂浆材料：M5 水泥石灰砂浆；砌体材料：加气混凝土砌块；平面位置：内墙；厚度：0.3m；	m³	164.43
4	010304001004	空心砖墙、砌块墙	1. 空心砖、砌块品种、规格、强度；加气混凝土砌块； 2. 墙体厚度：0.25m； 3. 砂浆强度等级：M5 4. 墙体类型：内墙	m³	277.37
	3－6	M5 加气混凝土砌块	砂浆材料：M5 水泥石灰砂浆；砌体材料：加气混凝土砌块；平面位置：内墙；厚度：0.25m；	m³	277.37
5	010304001005	空心砖墙、砌块墙	1. 空心砖、砌块品种、规格、强度；加气混凝土砌块； 2. 墙体厚度：0.01m； 3. 砂浆强度等级：M5 4. 墙体类型：内墙	m³	0.05
	3－6	M5 加气混凝土砌块	砂浆材料：M5 水泥石灰砂浆；砌体材料：加气混凝土砌块；平面位置：内墙；厚度：0.01m；	m³	0.05
6	010304001006	空心砖墙、砌块墙	1. 空心砖、砌块品种、规格、强度；加气混凝土砌块； 2. 墙体厚度：0.15m； 3. 砂浆强度等级：M5 4. 墙体类型：内墙	m³	32.05
	3－6	M5 加气混凝土砌块	砂浆材料：M5 水泥石灰砂浆；砌体材料：加气混凝土砌块；平面位置：内墙；厚度：0.15m；	m³	32.05
7	010402001001	矩形柱	1. 混凝土拌合料要求：预拌商品混凝土 C30； 2. 混凝土强度等级：C30； 3. 柱高度：5m＜柱高度≤8； 4. 柱截面尺寸：≤1.6m； 5. 输送高度：≤30m	m³	2.88
	20－26	矩形柱复合木模板	支模高度：5m＜支模高度≤8m；	10m²	3.74
	5－181	C30 现浇矩形柱（泵送商品混凝土）	离地面总高（m）：≤30m；混凝土强度等级：C30；	m²	2.76

图 5－27 基于国标的清单、定额展开总表

（6）营销展示 BIM 虚拟漫游应用

建筑地产营销展示，是住宅开发企业营销重要需求，通过效果图、动画等手段，将住宅售卖点进行展示，可以更好地达到销售目的。基于 BIM 的营销展示，是充分利用 BIM 可视化效果，通过轻量化与艺术化加工，通过人机交互，实现消费者"身临其境"的体验住宅产品，是 BIM 服务业主营销、实现业主 BIM 实施价值的重要应用手段。

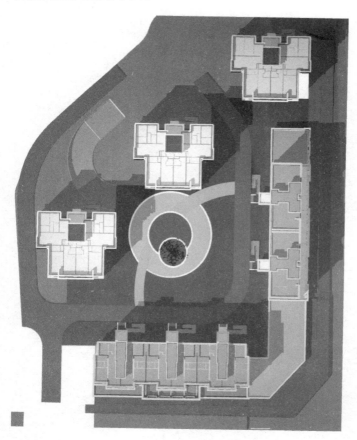

图 5 – 28
新疆幸福
里小区鸟
瞰漫游图

中建新疆幸福里项目，BIM 应用团队对 BIM 模型进行轻量化提取，结合成熟的计算机网络游戏引擎技术，通过加入建筑材质、贴图等手段，对模型进行艺术加工，使得住宅产品以更精美、更流畅的交互效果，服务市场营销。另外基于移动终端和网页端的访问效果，可以使客户不受时间和空间影响，随时随地的访问产品户型，从而达到提高客户拜访量、以科技为产品品牌增光的目的。

　　另外，通过移动端，可以实现在外展点的 BIM 虚拟体验营销，可以将"虚拟样板房"通过外展点，搬到潜在客户集中区域，进行交互体验式营销，从而最终提高营销效果，达成交易。

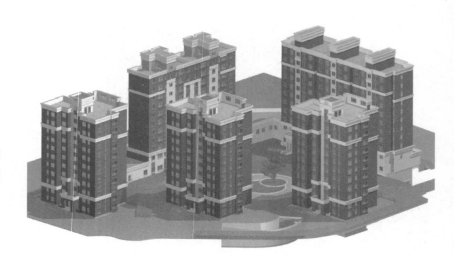

图 5 – 29
新 疆 幸 福
里 南 区 整
体效果图

图 5 – 30
新 疆 幸 福
里 小 区 漫
游局部图

图 5 – 31
新疆幸福
里小区内
部细节图

图 5 – 32
新疆幸福
里小区建
筑细节图

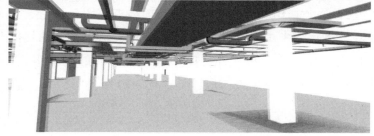

图 5 – 33
新疆幸福
里小区机
电漫游效
果图

图 5 - 34
新疆幸福
里小区 IPAD
移动端效
果图

图 5 - 35
中建新疆
幸福里小
区手机移
动端效果图

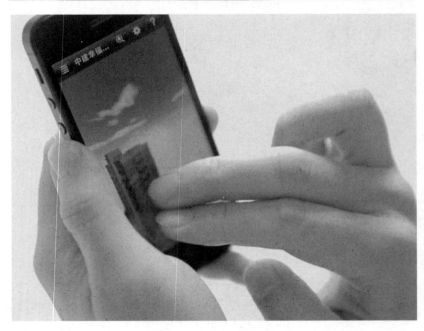

（7）施工深化中 BIM 模型管道交叉碰撞检查应用

　　除了在三维环境中虚拟进行碰撞检查，根据 BIM 建模工具提供的自动检查功能，还就每一处碰撞形成一个对应的碰撞报告，在项目中根据报告对碰撞位置均进行了合理的调整。

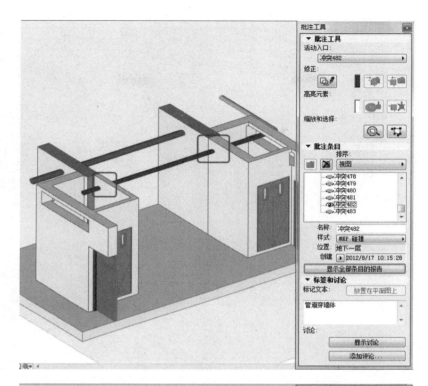

图 5-36
新疆幸福
里小区管
线碰撞检
查效果图

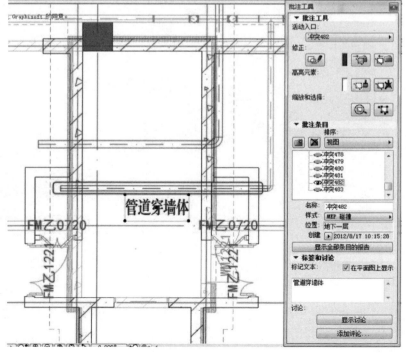

图 5-37
新疆幸福
里小区管
道碰撞交
叉效果图

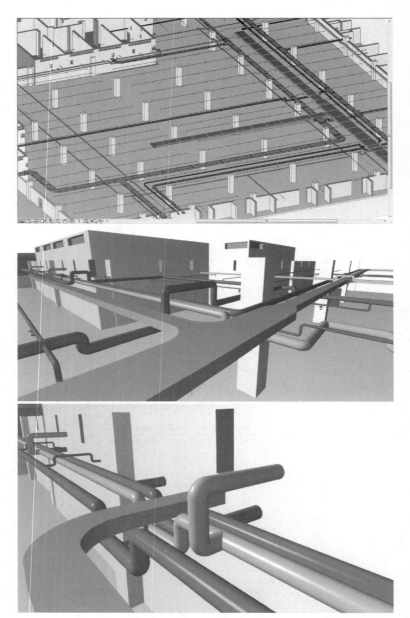

图 5 – 38
新疆幸福
里小区机
电管线综
合效果图

（8）施工过程中的 BIM 工程量统计

项目输出成果中，施工工程量清单是重点成果内容。通过对模型的前期设置，将材料、材质、做法等信息保存在 BIM 信息模型中，通过信息提取，自动统计计算出相应的清单，并输出到EXEL 表格中进行进一步的编辑计算。

图 5 –39
新疆幸福
里小区窗
列表工程
量统计效
果图

编号	洞口(宽x高)	楼层	数量
	500×1,500	二层	2
	500×1,500	二层	2
	500×1,500	三层	1
	500×1,500	三层	3
	500×1,500	四层	6
	500×1,500	五层	6
	500×1,500	六层	6
	500×1,500	七层	6
	500×1,500	八层	6
	500×1,500	九层	6
	500×1,500	十层	6
	500×1,500	十一层（屋顶）	6
	500×1,500	机房层（女儿墙）	6
	550×1,500	二层	2
	550×1,500	三层	2
	550×1,500	四层	2
	550×1,500	五层	2
	550×1,500	六层	2
	550×1,500	七层	2
	550×1,500	八层	2
	550×1,500	九层	2
	550×1,500	十层	2
	550×1,500	十一层（屋顶）	2
	550×1,500	机房层（女儿墙）	2
	800×2,400	二层	4
	900×1,500	一层	12
	900×1,500	二层	2
	900×1,500	二层	12
	900×1,500	三层	3
	900×1,500	三层	12
	900×1,500	四层	2

图 5 –40
窗列表导
入 Excel 效
果图

5.1.4 项目 BIM 流程梳理与再造

针对项目实施过程，幸福里项目在碰撞检查中利用具体应用流程进行验证。

图 5 – 41
BIM 流程梳理与再造项目流程图

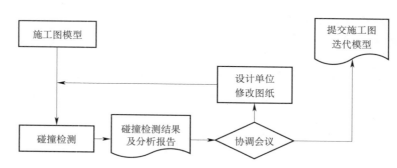

基于本课题流程研究规范，结合新疆幸福里实施客观条件，验证了流程在具体实施中的价值，实现了以下目的：

（1）有效管控参与方：通过流程再造，依托 BIM 工具对施工图模型进行碰撞检查，查出设计图纸中的错漏碰缺，并出具可视报告，业主或管理方依托报告，对设计单位下达修改指令，有效解决图纸修改过程中纠缠不清、反复扯皮的管控问题。

（2）提高设计品质，降低后期反复，通过将问题前期解决，避免后期施工过程中的变更或反复，可有效提升施工和产品的品质。

5.1.5 项目 BIM 实施成果交付

新疆幸福里结合本课题数据传递标准化成果，依照自身项目实际，编写了项目"BIM 设计标准细则"，对设计成果及其交付物进行了明确的规定，保障了设计成果及时准确交付。具体见附件 3。

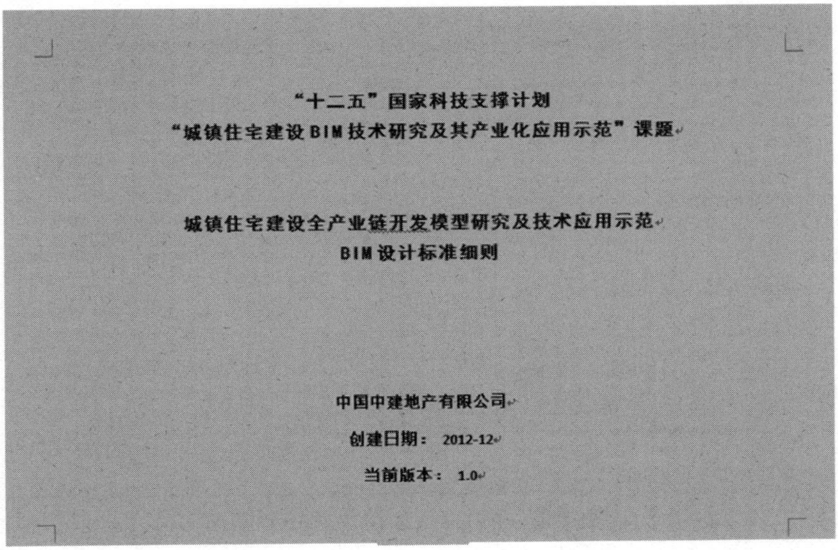

"十二五"国家科技支撑计划
"城镇住宅建设BIM技术研究及其产业化应用示范"课题

城镇住宅建设全产业链开发模型研究及技术应用示范
BIM设计标准细则

中国中建地产有限公司
创建日期：2012-12
当前版本：1.0

图5－42 新疆幸福里应用示范课题标准细则

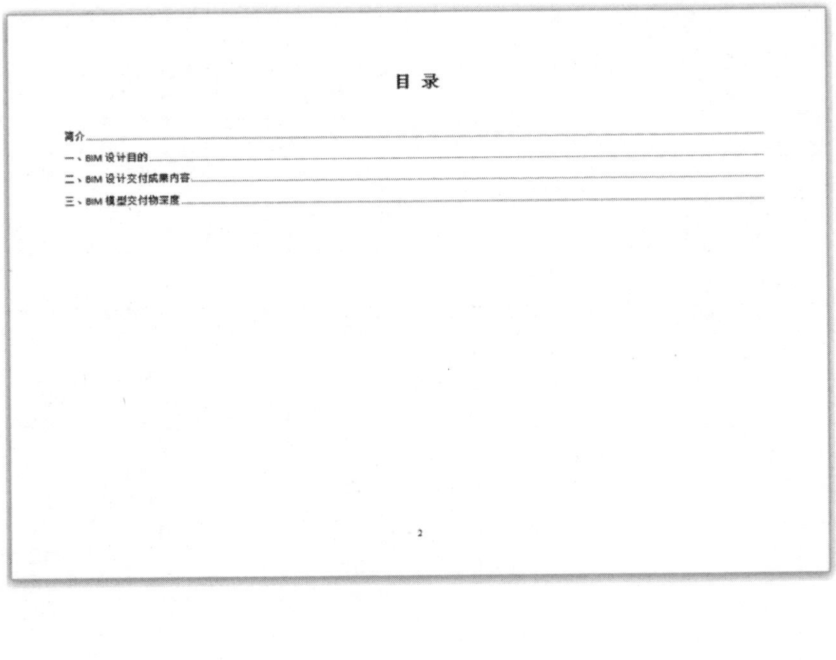

目 录

简介
一、BIM设计目的
二、BIM设计交付成果内容
三、BIM模型交付物深度

2

图5－43 新疆幸福里应用示范课题标准细则目录

一、BIM 设计目的

1. BIM 交付可以提供精准的设计数据	BIM 技术突破了传统二维设计的技术限制，能够使设计达到更高质量，同时能够完成很多在二维设计方式下很难进行的工作，如复杂建筑构件设计，预留孔洞的精准布置，管线综合的软，硬碰撞问题等
2. BIM 交付可以提供综合协调成果	通过建立综合协调模型，可以完成如电梯井布置及其他设计布置及净空要求的协调，防火分区与其他设计布置的协调，地下排水布置与其他设计的协调等工作
3. BIM 交付可以提供丰富的建筑分析	BIM 模型的创建，使建筑分析的各项工作能够提早展开并大规模进行，直接提高了建筑性能和设计质量
4. BIM 交付可以提供可视化的沟通手段	通过 BIM 模型直接展示设计结果（如：三维效果图，动态漫游，4D 进度维度及 5D 成本维度展示等），可以使各参与方之间进行有效的沟通，并能更加准确的理解设计意图
5. BIM 交付可以提供与模型关联的二维视图	BIM 模型可以帮助设计人员准确地生成复杂二维视图（如：剖面图，透视图，综合管线图，综合结构留洞图等），并保持与 BIM 模型的关联性

图 5 – 44 新疆幸福里 BIM 应用标准设计目的

二、BIM 设计交付成果内容

1. 方案设计阶段	（1）BIM 方案设计模型，应提供经建筑分析及方案优化后的 BIM 方案设计模型，也可同时提供用于多方案比选的各 BIM 方案设计模型 （2）建筑分析模型及报告，应提供必要的初步能量分析模型及生成的分析报告 （3）BIM 浏览模型，应提供由 BIM 设计模型创建的带有必要工程数据信息的 BIM 浏览模型 （4）可视化模型及生成文件，应提交基于 BIM 设计模型的表示真实尺寸的可视化展示模型，及其生成的室内外效果图、场景漫游、交互式实时漫游虚拟现实系统、对应的展示视频文件等可视化成果 （5）由 BIM 模型生成的二维视图；由 BIM 模型生成的二维视图可直接用于方案评审，包括总平面图、各层平面图、主要立面图、主要剖面图、透视图等
2. 初步设计阶段	BIM 专业设计模型：应提供各专业 BIM 初步设计模型

图 5 – 45 新疆幸福里应用示范课题标准交付成果要求

三、BIM 模型交付物深度

	方案设计阶段模型	初步设计阶段模型	施工图设计阶段模型
场地	（1）场地平面布局，场地功能分区；场地内拟建道路、停车场、广场、绿地及建筑物的布置 （2）场地道路交通：场地道路、广场、停车场布置、场地出入口及与周边道路的连接	（1）保留的地形、地物 （2）场地四邻原有及规划道路的位置和主要建筑物及构筑物的位置、层数、建筑间距 （3）拟建建筑物、构筑物的位置，其中主要建筑物、构筑物应包括位置、尺寸和层数 （4）道路、广场的位置，停车场及停车位、消防车道及高层建筑消防扑救场地的布置 （5）绿化、景观及休闲设施的布置示意	（1）保留的地形、地物 （2）场地四邻原有及规划道路的位置和主要建筑物及构筑物的位置、层数、建筑间距 （3）广场、停车场、运动场地、道路围堵、无障碍设施、排水沟、挡土墙、护坡等的布置 （4）拟建建筑物、构筑物的位置，其中主要建筑物、构筑物应包括形状、位置、尺寸和层数 （5）场地内的综合管线布置

图 5 – 46 新疆幸福里应用示范课题标准深度要求

5.2 中建上海东孚锦绣天地项目实践

5.2.1 基地概况

BIM 技术研究应用中心和技术培训基地（中建东孚锦绣天地项目售楼处工程）工程建筑面积 1100m²，建筑高度为 9.6m，地上 2 层，一层层高 4.8m，二层层高 4.2m；结构形式为预应力框架结构。结构施工采用装配式建造技术，应用 BIM 技术辅助模拟结构构件吊装施工，将装配整体式预应力混凝土框架结构体系应用于实际工程中，主要预制构件为预制柱、预制梁、预制叠合板，预制构件总量 255 个，预制率达 85% 以上。结构工期：2014 年 6 月 15 日~2014 年 8 月 15 日。

该项目同时承担了国家十二五课题《城镇住宅建设 BIM 技术研究及其产业化应用示范》中的 "BIM 技术应用研究中心和技术培训基地" 的建设和研究示范工作。工程主要参建方中建设单位为上海中建孚泰置业有限公司，设计单位为上海天华建筑设计有限公司。总包单位为中建八局总承包公司，结构吊装单位为中建八局钢结构工程公司。

该项目进行了全生命周期住宅 BIM 应用实施工作，特别论证了在新疆幸福里项目中尚未得到实施的 BIM 应用。其整体 BIM 实施应用较为完善，涵盖了设计、营销、施工和运营四个阶段。同

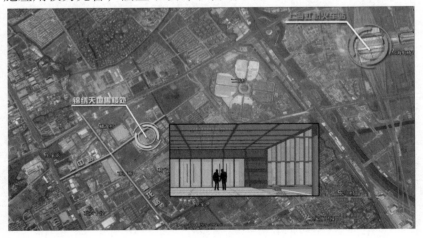

图 5-47
项目区位图

时，利用 BIM 技术结合住宅建筑预制加工等最新方法，对广大住宅开发企业具有很强的借鉴意义。

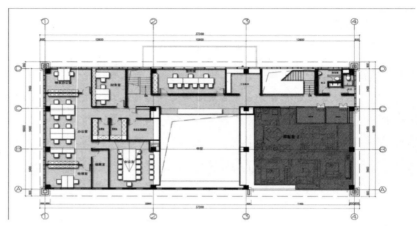

图 5-48
中建上海
东孚锦绣
天地售楼
处平面图

图 5-49
锦绣天地
售楼处夜
景图

5.2.2 项目 BIM 应用

为深化验证 BIM 在住宅开发中的应用价值，通过上海东孚锦绣天地住宅项目应用，以售楼处为示范主体，贯穿设计、营销、施工、运维整个住宅开发生命周期阶段。其具体内容如下：

（1）设计阶段：主要围绕基于 BIM 模型的创建，实现 BIM 设计应用价值。该项目 BIM 模型专业齐全，包括建筑、结构、机电、幕墙、精装、景观和市政模型。通过模型直观展示设计方案，协调各专业进行优化设计，从而得出合理方案。

（2）营销阶段：基于 BIM 模型实现虚拟漫游效果，并可进行样板方案比对、移动终端查看，以 ipad 互动动画方式给用户带来直观体验感受。

（3）施工阶段：实现施工深化碰撞检查、管线综合以及施工模拟，并通过预制加工实现 PC 住宅产业化。

（4）运维阶段：实现物业管理的 BIM 可视化。

设计阶段	基于BIM的全专业模型设计
营销阶段	样板方案比对　移动端查看　互动动画
施工阶段	碰撞检查　管线综合　施工优化　施工模拟　预制构件　工程量统计
运维阶段	运维管理

图 5-50 中建上海东孚锦绣天地项目 BIM 应用示范框架

下面将具体围绕设计、营销、施工、运维各个环节 BIM 具体应用进行阐述，具体内容如下：

（1）BIM 设计阶段 BIM 应用

（a）制定了标准、规范、构件库、材质库，为建模做铺垫工作。通过锦绣天地售楼处项目示范，制定了一系列的标准，包括构件命名规则制定，根据施工分部分项清单添加项目编码，统一命名规则，为满足后期算量、模型筛选、施工管理、运维管理做好了准备工作。

将传热系数，通过材质进行表达，方便后期进行绿色分析测试。另外，制定了构件库、材质库，方便后期数据深化运用。同时，针对机电安装工程的专业要求，制定了模型设色标准，给不同系统添加不同的颜色信息，便于区分不同系统。

最终，根据项目标准，制定了企业 BIM 实施标准，总结了住宅投资开发角度的业主 BIM 应用标准经验。具体标准详见附录四。

项目编码	项目名称	项目特征	族名称	示例
31003001	螺纹阀门	1. 类型 2. 材质 3. 规格、压力等级 4. 连接形式 5. 焊接方法	阀门类型–连接方式	隔膜阀–手柄–螺纹
31003002	螺纹法兰阀门			过滤器–Y型–法兰式
31003003	焊接法兰阀门			止回阀–碟片式–法兰
31003005	减压器	1. 材质 2. 规格、压力等级 3. 连接形式 4. 附件名称、规格、数量	阀门类型–连接方式	减压阀–导阀型–法兰
31003006	疏水器			
31003007	除污器（过滤器）			
31003008	补偿器	1. 类型 2. 材质 3. 规格、压力等级 4. 连接形式	类型名称–连接方式	补偿器–波纹管–法兰
31003009	软接头	1. 材质 2. 规格 3. 连接形式		橡胶软接–球形–法兰 金属软接头–法兰
31003011	水表	1. 安装部位(室内外) 2. 型号、规格 3. 连接形式 4. 附件名称、规格、数量	类型名称–连接方式	水表–旋翼式–螺纹
31003012	倒流防止器	1. 材质 2. 型号、规格 3. 连接形式		止回阀–法兰连接

图 5 – 51
项目制定
构件库

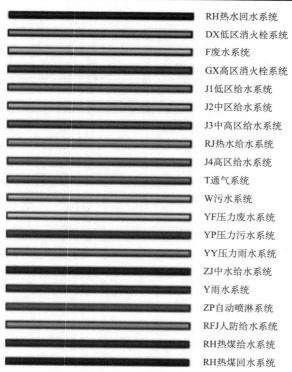

图 5 – 52
模型设色
添加（见
文末插页
彩图）

RH热水回水系统
DX低区消火栓系统
F废水系统
GX高区消火栓系统
J1低区给水系统
J2中区给水系统
J3中高区给水系统
RJ热水给水系统
J4高区给水系统
T通气系统
W污水系统
YF压力废水系统
YP压力污水系统
YY压力雨水系统
ZJ中水给水系统
Y雨水系统
ZP自动喷淋系统
RFJ人防给水系统
RH热煤给水系统
RH热煤回水系统

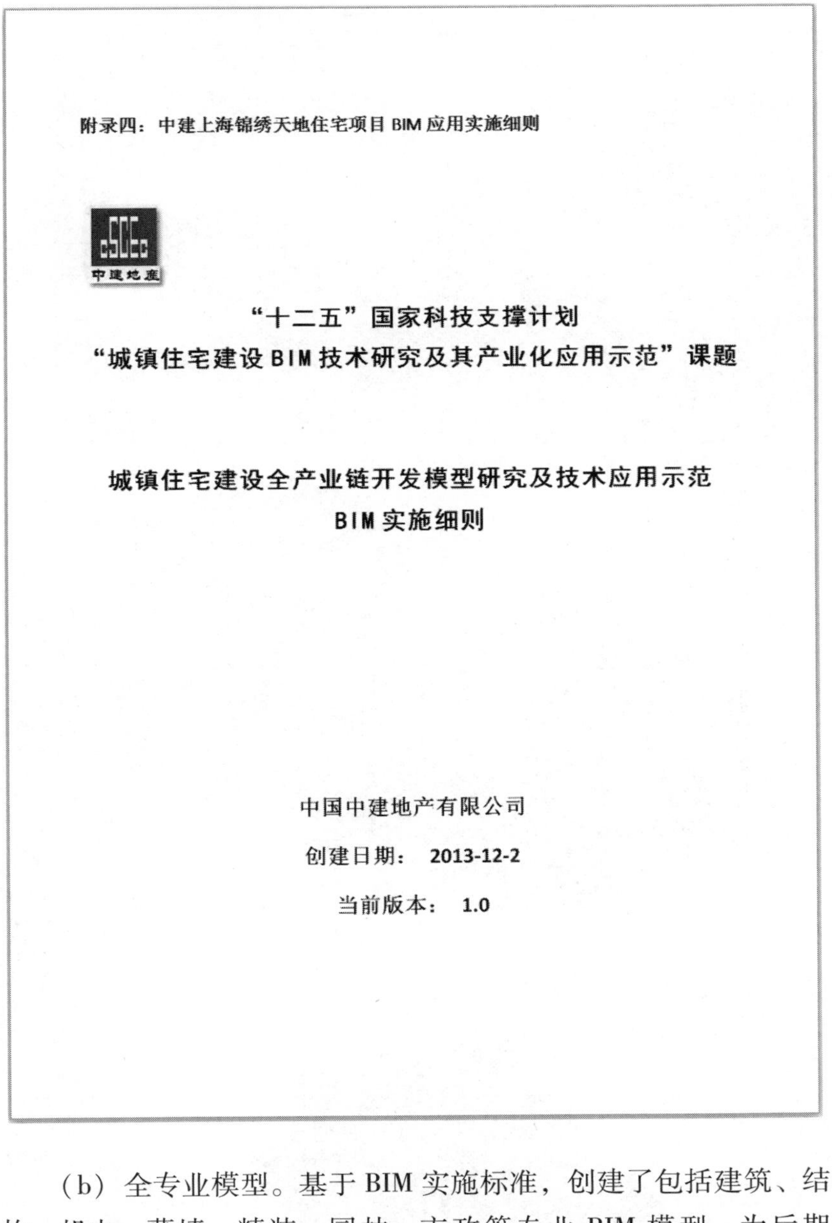

附录四：中建上海锦绣天地住宅项目 BIM 应用实施细则

"十二五"国家科技支撑计划
"城镇住宅建设 BIM 技术研究及其产业化应用示范"课题

城镇住宅建设全产业链开发模型研究及技术应用示范
BIM 实施细则

中国中建地产有限公司

创建日期： 2013-12-2

当前版本： 1.0

图 5-53
中建锦绣
天地项目
BIM 实施
标准作业
指导手册

（b）全专业模型。基于 BIM 实施标准，创建了包括建筑、结构、机电、幕墙、精装、园林、市政等专业 BIM 模型，为后期 BIM 全面应用实施打下了坚实基础。

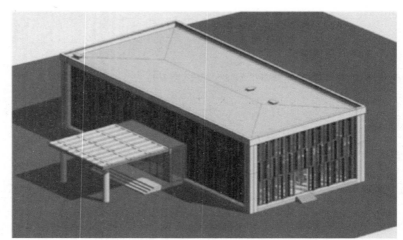

图 5 – 54
建筑模型图

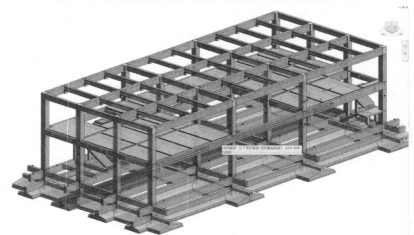

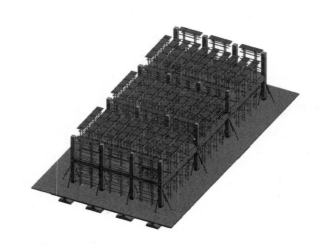

图 5 – 55
结构模型图

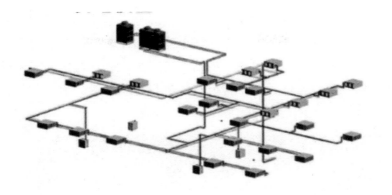

图 5 – 56
机电模型图

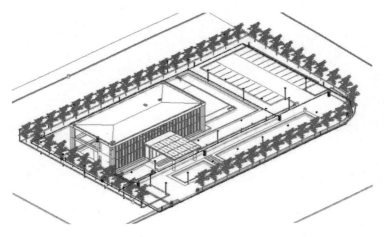

图 5 – 57
市政模型图

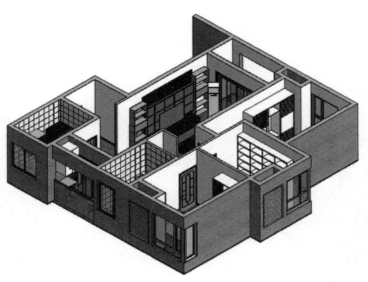

图 5 – 58
精装模型图

（c）基于 BIM 模型在设计环节的绿色建筑分析。通过绿色能耗分析进行节能降耗，以达到绿色建筑的标准。具体采用 BIM 模型进行分析，对包括风频、平均湿度、平均相对湿度、平均降雨量等绿色建筑指标进行模拟分析，根据分析结果，有针对性地进行设计参数优化，实现绿色建筑的目标。

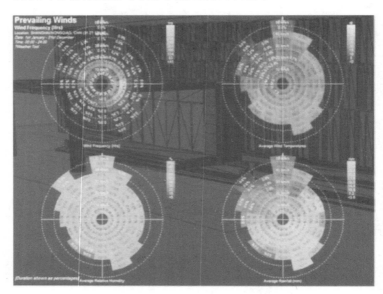

图 5 – 59
BIM 绿色分析效果图

（d）景观方案比对。早期方案阶段，东孚售楼处选址南面规划有 200m² 的水面，后期利用 BIM 可视化技术进行方案比选，通过科学的决策，论证了该处修改为绿地，整体景观效果更佳，同时，又能节省大笔费用。为此，项目在景观上节约成本约 28 万。这是 BIM 技术在东孚售楼处项目中直接为业主带来的经济价值。

图 5 – 60
景观方案比对 BIM 应用效果图

（e）幕墙设计优化，预制加工 BIM 应用。采用 Revit 进行幕墙模型设计工作，应用 Revit 幕墙嵌板，实现规格优化，对比百叶疏密程度，进行百叶窗优化。

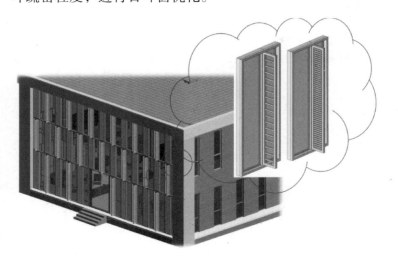

图 5-61
利用 Revit
嵌板进行
参数优化

另外基于 BIM 模型，统计百叶窗数量、规格等信息，直接生成国标清单工程量，并且给每个百叶窗加编号，映射施工信息等。

〈窗明细表〉							
A	B	C	D	E	F	G	H
项目编码	族	类型	生产厂家	产品名称	价格	合计	成本
1F							
010807005	BM_亚光铝木隔扇固定	C1227	皇派门窗有限公	木纹铝合金格栅	￥120	20	24000.00
010807005	BM_亚光铝木隔扇固定	C1227	皇派门窗有限公	木纹铝合金格栅	￥145	20	29000.00
010807005	BM_亚光铝木隔扇固定	C1213	皇派门窗有限公	木纹铝合金格栅	￥135	10	13500.00
010807005	BM_亚光铝木隔扇固定	C1213	皇派门窗有限公	木纹铝合金格栅	￥125	10	12500.00
010807005	BM_亚光铝木隔扇固定	C1219	皇派门窗有限公	木纹铝合金格栅	￥120	10	12000.00
010807005	BM_亚光铝木隔扇固定	C1219	皇派门窗有限公	木纹铝合金格栅	￥120	10	12000.00
2F							
010807005	BM_亚光铝木隔扇固定	C1227	皇派门窗有限公	木纹铝合金格栅	￥120	5	6000.00
010807005	BM_亚光铝木隔扇固定	C1227	皇派门窗有限公	木纹铝合金格栅	￥145	4	5800.00
010807005	BM_亚光铝木隔扇固定	C1213	皇派门窗有限公	木纹铝合金格栅	￥135	4	5400.00
010807005	BM_亚光铝木隔扇固定	C1213	皇派门窗有限公	木纹铝合金格栅	￥125	5	6250.00
总计：98						98	126450.00

图 5-62
根据 BIM
模型，输
出构件信
息图

幕墙预制加工。在模型创建阶段，制订预制加工构件族，提取族信息，传送到构件预制加工车间，直接加工出厂，运输到现场，通过现场组装，直接达到提高效率、降低成本、节省时间的目的。

图 5-63
BIM 预制加
工 BIM 应
用效果图

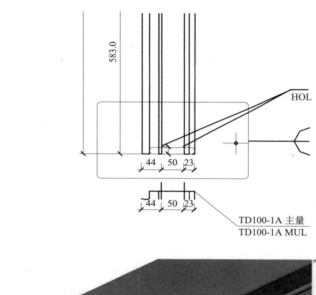

图 5-64
提取预埋
件信息进
行预制加
工图

　　（f）市政园林 BIM 应用。应用室外园林模型进行场地构件空间关系协调优化，统计场地构件数量、价格等信息，出国标清单。另外，添加运维保修信息，方便后期维护。

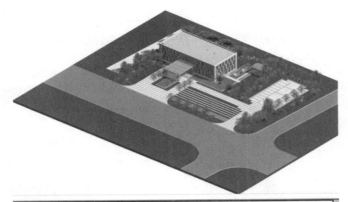

〈地形明细表〉			
A	B	C	D
位置	材质	表面积	合计
停车位铺装	芝麻灰荔枝面花岗岩	410.22 m²	1
市政人行道收	棕红色建菱砖	18.77 m²	1
市政人行道铺	黄色建菱砖	113.46 m²	1
建筑右侧铺砖	芝麻灰荔枝面花岗岩	397.78 m²	1
木质铺地	黑色塑木，留缝5	62.14 m²	4
水池铺砖	中国黑面花岗岩	270.05 m²	4
汀步	芝麻灰荔枝面花岗岩	15.96 m²	1
竹林小道铺砖	黑色鹅卵石，磨砂处	135.00 m²	1
装饰边铺砖	黑色鹅卵石，磨砂处	77.85 m²	5
过道	芝麻灰荔枝面花岗岩	18.36 m²	1
道路铺装1	芝麻灰荔枝面花岗岩	798.82 m²	3
道路铺装2	中国黑烧面花岗岩	242.93 m²	1
总计: 24		2561.34 m²	

图 5 – 65
基于园林
模型的构
件信息统计

（g）市政管网综合。通过 BIM 模型，协调市政管理内小市政与大市政关系，避免接口不匹配。同时，进行管网模型综合，避免设计不合理现象。另外，给管网添加运维信息，为后期运维作好数据准备。

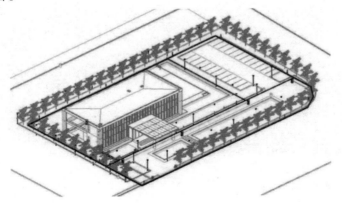

图 5 – 66
红线内外
大小市政
关系

（h）碰撞检查：协调各专业进行碰撞检测，导出碰撞检查报告，查找碰撞检查点，基于空间优化与设计，节省后期施工时间与成本，提高施工质量。

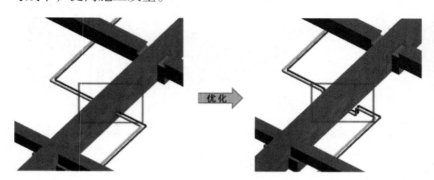

图 5 – 67
管线综合
优化比对

上海锦绣天地售楼处项目 BIM 在设计阶段应用，特别是早期设计方案阶段，通过查漏错缺等 BIM 应用，发现潜在问题，为业主节约了近 20 万元的经济效益，约占总造价的 6.5%。这是 BIM 在可统计经济指标上，为业主有效减少的直接经济损失，产生了显著的经济效益。

（2）施工阶段应用

（a）4D 施工模拟。通过 4D 施工模拟来协调各个专业在施工阶段的进度安排，使各方有序组织现场施工工作，合理安排项目施工进度。另外，通过模拟结构框架等吊装工序，直接指导施工。

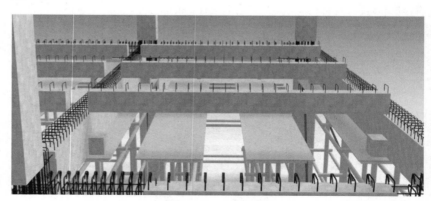

图 5 – 68
次梁吊装
方案模拟

图 5 - 69
主 梁 吊 装
方 案 模 拟

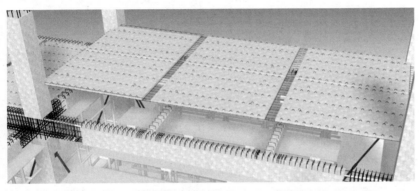

图 5 - 70
预 制 楼 板
吊 装 方 案
模拟

图 5 - 71
脚 手 架 搭
设 方 案 模 拟

　　（b）施工进度管理：通过微软项目进度计划软件 Project 的文件与 BIM 模型的对接，使得构件名称与进度计划名称统一，实现施工进度自动关联挂接。最终通过欧特克的 Naviswork 平台实现施工进度可视化管理。

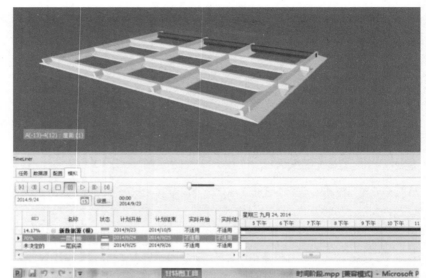

图 5 - 72
Naviswork
对 模 型 进
行进度管理

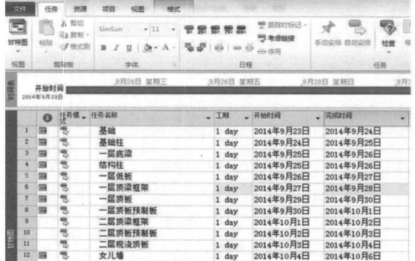

图 5 - 73
Naviswork
要 挂 接 的
进度 Pro-
ject 信息

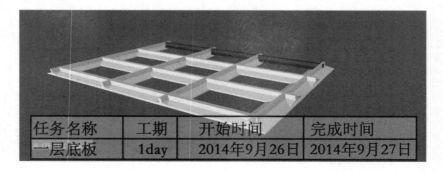

图 5 - 74
最 终 将 构
件 与 进 度
信息挂接

(c) 利用 BIM 模型进行变更管理

通过模型比对变更前后的可视化变化，同时通过统计表单，直接展现变更前后数据量的变化，为变更提供数据支持。

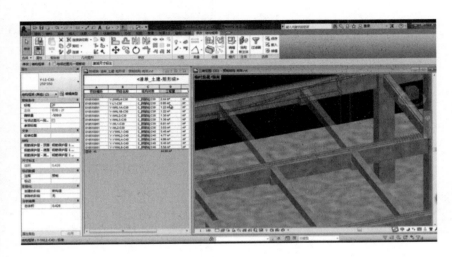

图 5-75 BIM 模型变更管理

(d) BIM 工程量统计，根据国家施工分部分项清单制定编码，直接生成涵盖土建、安装、精装修三个专业的国标清单。

<清单_预制-矩形梁>

A	B	C	D	E
项目编码	项目名称	数量	工程量	计量单位
010510001	Y-2L4梁-C30	1	0.25 m³	m³
010510001	Y-2WKL4-C30	4	2.44 m³	m³
010510001	Y-2YKL4-C40	1	1.77 m³	m³
010510001	Y-2YKL5-C40	1	1.81 m³	m³
010510001	Y-2YKL6-C40	1	2.22 m³	m³
010510001	Y-2YKL7-C40	1	1.81 m³	m³
010510001	Y-KL1-C30	8	2.90 m³	m³
010510001	Y-KL2-C30	4	1.61 m³	m³
010510001	Y-L1-C30	10	4.26 m³	m³
010510001	Y-L2-C30	6	2.65 m³	m³
010510001	Y-L3A-C30	1	0.44 m³	m³
010510001	Y-L3B-C30	1	0.44 m³	m³
010510001	Y-L4-C30	1	0.56 m³	m³
010510001	Y-L5-C30	1	0.44 m³	m³
010510001	Y-WKL1A-C30	2	1.22 m³	m³
010510001	Y-WKL1B-C30	2	1.22 m³	m³
010510001	Y-WKL2-C30	2	1.30 m³	m³
010510001	Y-WKL3-C30	2	1.30 m³	m³
010510001	Y-WL1-C30	16	6.81 m³	m³
010510001	Y-WL2-C30	8	3.53 m³	m³
010510001	Y-YKL1-C40	2	4.34 m³	m³
010510001	Y-YKL2-C40	3	6.78 m³	m³
010510001	Y-YKL3-C40	1	2.21 m³	m³
010510001	Y-YKL8-C40	1	2.17 m³	m³
010510001	Y-YWKL1-C40	2	5.45 m³	m³
010510001	Y-YWKL2-C40	2	4.77 m³	m³
010510001	Y-YWKL4-C40	2	4.86 m³	m³
010510001	Y-YWKL5-C40	2	5.45 m³	m³
010510001	Y-YWKL6-C40	2	5.58 m³	m³
总计: 90		90	80.52 m³	

<清单_预制-结构柱>

A	B	C	D	E
项目编码	项目名称	数量	工程量	计量单位
010509001	Y-KZ1-C3	3	7.92 m³	m³
010509001	Y-KZ2-C3	2	5.28 m³	m³
010509001	Y-KZ3-C3	4	10.56 m³	m³
010509001	Y-KZ4-C3	2	5.33 m³	m³
010509001	Y-KZ5-C3	4	10.56 m³	m³
010509001	Y-KZ6-C3	1	2.64 m³	m³
总计: 16		16	42.29 m³	

图 5-76 土建国标清单量统计表

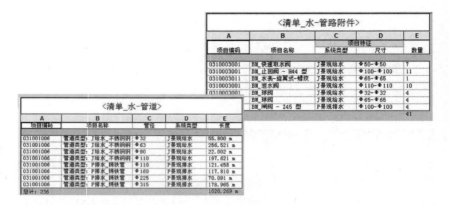

图 5-77
安装国标
清单量统
计表

图 5-78
精装修国
标清单量
统计表

（e）中建上海东孚为进行基于 BIM 模型的预制加工，单独创建了预制构件族。

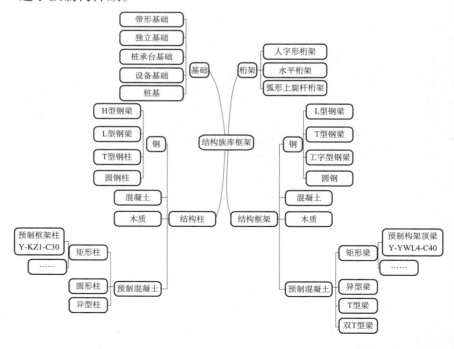

图 5-79
预制构件
的分类

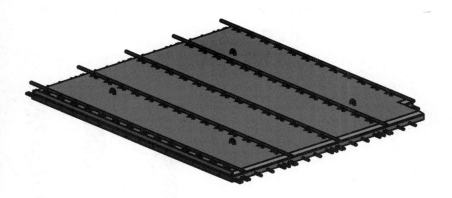

图 5 - 80
预制板构
件族库模
型图

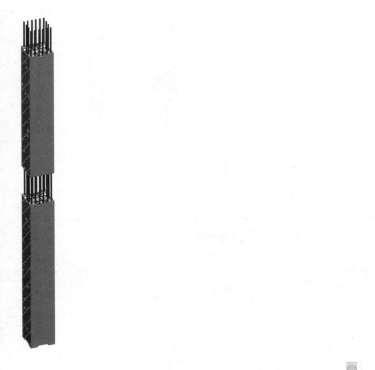

图 5 - 81
预制柱构
件族库模
型图

图 5 - 82
预制梁构
件族库模
型图

中建上海东孚锦绣天地售楼处项目通过 BIM 模型进行预制加工运用，具体采用以下步骤进行实施：

（a）通过模型输出预制构件加工图，确定加工尺寸，进行现场预制加工。

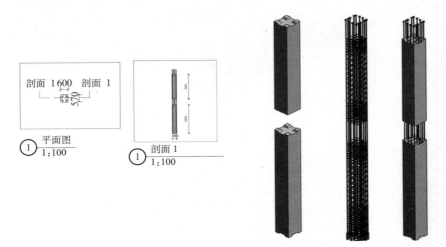

图 5 – 83
出预制加工图

（b）统计预制加工成本，根据钢筋、混凝土用量统计，核算预制加工成本。

<清单_预制-结构柱>

A	B	C	D	E
项目编码	项目名称	数量	工程量	计量单位
010509001	Y-KZ1-C3	3	7.92 m³	m³
010509001	Y-KZ2-C3	2	5.28 m³	m³
010509001	Y-KZ3-C3	4	10.56 m³	m³
010509001	Y-KZ4-C3	2	5.33 m³	m³
010509001	Y-KZ5-C3	4	10.56 m³	m³
010509001	Y-KZ6-C3	1	2.64 m³	m³
总计：16		16	42.29 m³	

图 5 – 84
预制加工用量统计

（c）进行现场预支构件拼装，通过 BIM 模型，定制现场安装脚手架，结合实施现场情况，识别现场拼装风险点，做好安全工作，提高安全管控。

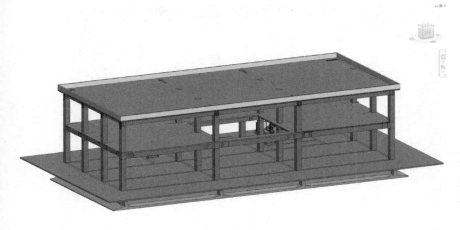

图 5 - 85
预 制 构 件
信息模型图

（3）营销阶段应用

中建上海东孚锦绣天地售楼处项目利用 BIM 模型可视化技术，结合住宅营销特点，在精装修交楼及业主二次装修方案比较中，进行 BIM 实施应用，为营销服务。具体体现在以下应用：

（a）精装修交楼 BIM 应用，通过 BIM 模型轻量化、艺术化加工，实现交房样板间的虚拟化，使入住业主体现入住效果。结合 BIM 属性信息，通过友好的人机交互界面，直观展现底板、门板、插座等精装型号、厂家、尺寸信息，使业主一目了然，满足业主对户型精装信息了解的需要。针对客户二次装修的应用，可以菜单式选择不同风格的装修效果展示，这对于降低业主装修成本、确定装修方案具有重要价值。

不仅实现了基于样板间的交房，更能应用到基于互联网的虚拟样板间营销，结合微信等社交营销工具，结合互联网传播手段，实现在线营销效果。另外，通过虚拟样板间，降低建设实体样板间时间、质量风险，最重要的是可降低 70% 的样板间的制作成本。

（b）BIM 精装成本统计应用：搭建 BIM 精装模型，对比不同装修方案，同时出工程量清单，对比不同方案，通过添加样板间模型信息，满足装修后的后期维护保养。

图 5 - 86
三 维 户 型
显示

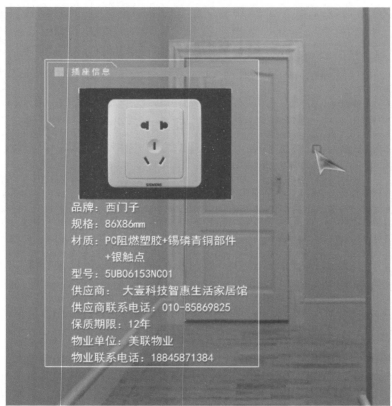

图 5 - 87
插座信息

图 5 – 88
交房尺寸
信息测算

图 5 – 89
业 主 二 次
装 修 效 果
图

图 5 - 89
业主二次
装修效果
图（续）

另外通过对地面、墙面的分格排版，细化每块面砖的尺寸，方便统计实际用量信息。挂接国家清单编码信息，直接出国标清单。

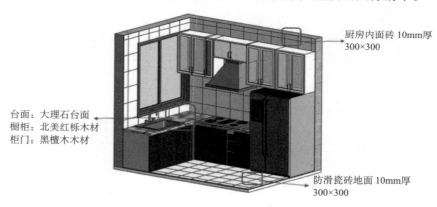

厨房内面砖 10mm 厚
300×300

台面：大理石台面
橱柜：北美红桦木材
柜门：黑檀木木材

防滑瓷砖地面 10mm 厚
300×300

〈清单_装修-厨房面砖〉						
A	**B**	**C**	**D**	**E**	**F**	**G**
项目编码	项目名称	宽度	高度	数量	面积	计量单位
011207001	厨房卫浴面砖	85 mm	300 mm	7	0.179 ㎡	㎡
011207001	厨房卫浴面砖	200 mm	300 mm	5	0.300 ㎡	㎡
011207001	厨房卫浴面砖	240 mm	300 mm	9	0.648 ㎡	㎡
011207001	厨房卫浴面砖	250 mm	300 mm	4	0.300 ㎡	㎡
011207001	厨房卫浴面砖	265 mm	300 mm	7	0.556 ㎡	㎡
011207001	厨房卫浴面砖	285 mm	300 mm	9	0.769 ㎡	㎡
011207001	厨房卫浴面砖	290 mm	300 mm	9	0.783 ㎡	㎡
011207001	厨房卫浴面砖	300 mm	275 mm	2	0.165 ㎡	㎡
011207001	厨房卫浴面砖	300 mm	300 mm	182	16.380 ㎡	㎡
011104002	木地板	231 mm	90 mm	10	0.208 ㎡	㎡
011104002	木地板	451 mm	90 mm	4	0.162 ㎡	㎡
011104002	木地板	531 mm	90 mm	10	0.478 ㎡	㎡
011104002	木地板	750 mm	90 mm	4	0.270 ㎡	㎡
011102003	瓷砖地面	230 mm	280 mm	1	0.064 ㎡	㎡
011102003	瓷砖地面	230 mm	300 mm	7	0.483 ㎡	㎡
011102003	瓷砖地面	300 mm	280 mm	6	0.504 ㎡	㎡
011102003	瓷砖地面	300 mm	300 mm	42	3.780 ㎡	㎡
总计：318					26.029 ㎡	

图 5 - 90
厨房装修
工程量统计

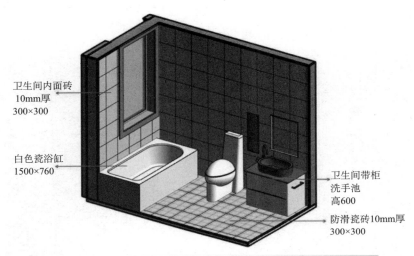

卫生间内面砖
10mm厚
300×300

白色瓷浴缸
1500×760

卫生间带柜
洗手池
高600

防滑瓷砖10mm厚
300×300

〈清单_装修-卫生间面砖〉

A 项目编码	B 项目名称	C 宽度	D 高度	E 数量	F 面积	G 计量单位
011207001	厨房卫浴面砖	10 mm	300 mm	7	0.021 m²	m²
011207001	厨房卫浴面砖	85 mm	300 mm	9	0.229 m²	m²
011207001	厨房卫浴面砖	90 mm	300 mm	9	0.243 m²	m²
011207001	厨房卫浴面砖	105 mm	300 mm	5	0.158 m²	m²
011207001	厨房卫浴面砖	195 mm	300 mm	5	0.293 m²	m²
011207001	厨房卫浴面砖	295 mm	300 mm	18	1.593 m²	m²
011207001	厨房卫浴面砖	300 mm	240 mm	2	0.144 m²	m²
011207001	厨房卫浴面砖	300 mm	300 mm	172	15.480 m²	m²
011104002	木地板	91 mm	30 mm	1	0.003 m²	m²
011104002	木地板	259 mm	90 mm	1	0.023 m²	m²
011104002	木地板	541 mm	90 mm	1	0.049 m²	m²
011104002	木地板	709 mm	30 mm	1	0.021 m²	m²
011102003	瓷砖地面	280 mm	80 mm	1	0.022 m²	m²
011102003	瓷砖地面	280 mm	300 mm	8	0.672 m²	m²
011102003	瓷砖地面	300 mm	80 mm	4	0.096 m²	m²
011102003	瓷砖地面	300 mm	300 mm	32	2.880 m²	m²
总计: 276					21.926 m²	

图 5-91
卫生间装
修工程量
统计

（c）IPad 移动端访问：实现基于移动终端的访问，可直接查看精装方案，访问构件属性信息。

（4）运维阶段应用

中建上海东孚锦绣天地售楼处在运维阶段 BIM 应用，基于前期 BIM 模型基础，利用第三方软件平台，实现了 BIM 与 GIS 融合，基于 BIM 模型机电维修维护，基于 BIM 的现场安全监控、应急方案模拟，是住宅领域 BIM 在运维阶段进行深入应用的具体体现。

（a）BIM 与 GIS 地理信息结合，精确定位建筑地理位置。

（b）BIM 运维解决方案，基于 BIM 可视化，可以对发生维修、维护位置快速定位，确定问题，及时维修，并结合在线报修平台，使维修人员第一时间获知维修问题。

图 5 – 92
移动终端
访问效果图

图 5 – 93
BIM 与 GIS
结合

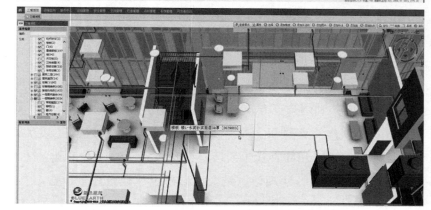

图 5 – 94
BIM 机 电
运维图

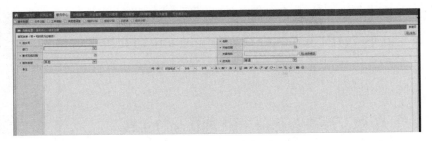

图 5 – 95
通 过 BIM
模 型 在 线
进行报修

（c）通过调用现场摄像头，现场图像结合 BIM 三维模型，可以为维护现场安保人员提供充分安全信息，保障设施场所的公共安全。

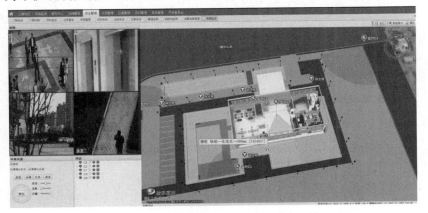

图 5 – 96
实 时 监 控
录像信息

（d）结合 BIM 模型可视化、参数化特性，面对售楼处公共环境，制定了包括火警在内的特殊应急方案，一旦发生重大险情，通过应急方案进行应对，以免造成重大损失。这也是 BIM 在运维环节中的关键应用。

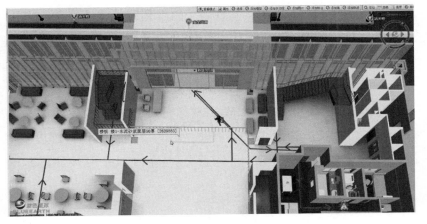

图 5 – 97
火 灾 预 警
逃 生 应 急
方案

通过中建上海东孚锦绣天地售楼处项目的 BIM 技术应用，真正实现了 BIM 在全生命周期住宅开发中的完整价值体现，在各阶段都产生了显著的经济效益，验证了 BIM 在住宅开发中的实际应用价值。

5.3　中建上海周家渡 01 – 07 地块项目实践

上海周家渡 01 – 07 地块项目是中建东孚公司位于上海的第二个办公、商业综合体，周家渡（中建八局办公楼）项目，由业主方牵头，设计和施工总包突破传统的较为孤立的工作模式，以 BIM 为协作技术依托，建立新的协作机制，具体来说：

1. 各参与方围绕 BIM 模型开展协调与交底工作，施工总包通过 BIM 模型向设计反馈和说明现场情况，业主能全程实时把控项目进度、项目资金使用情况及项目质量。

2. 项目所有参与方从设计之初到运维阶段都采用 BIM 工作流，BIM 项目 EPC 更加流程透明和可控。

项目整体实施要求 BIM 先行，贯穿始终。以 BIM 应用推动绿色化设计、绿色施工，最终实现绿色生活，具体阶段上分析应用如下：

（1）设计阶段：基于 BIM 实现设计环节的各项 BIM 应用，其中包括方案验证、设计可视化、进行图纸验证，从而进行节点深化，最终基于设计出图，实现施工图纸到绿色设计。

（2）施工 BIM：基于 BIM 实现施工环节的各项 BIM 应用，其中包括场地布置指导、模拟施工、施工模拟、进度管理，实现对施工过程的精细化管理，最终实现绿色施工。

（3）运维 BIM：基于 BIM 实现运营维护环节的各项 BIM 应用，其中包括资产管理、设备管理、空间管理、能耗管理以及疏散模拟等专项方案管理，为运营创造价值，实现最终的绿色生活。

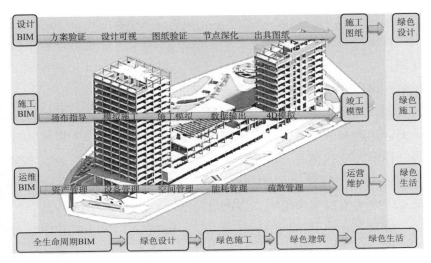

图 5 - 98
周 家 渡
BIM 实 施
阶 段 图

5.3.1 项目概况

周家渡项目于 2014 年 10 月 23 日动工，项目位于浦东新区世博辐射区，规划为知名企业总部聚集区和国际一流商务区，紧靠地铁 6 号、7 号线高科西路站，东靠东明路，交通便利，项目占地面积 16573.7m²，总建筑面积 75968m²，由办公楼和公寓式酒店、商业三部分构成，其中办公楼 17 层，商业 2～4 层。2017 年交付使用。

图 5 - 99
周家渡 01 -
07 地 块 项
目 建 设 效
果 图

项目参与方众多，协调困难，数据冗杂，在项目管理上具有一定难度。另外，工程临近地铁 6 号、7 号线，地下深基导致基坑维护、施工方案、场地布置、施工安全方面困难较大。同时，项目针对施工过程提出了较高的绿色性能、运维及其效果展示要求。

针对项目以上问题，主要利用 BIM 技术来解决建造过程中的问题。

5.3.2 BIM 实施路线在周家渡项目应用

围绕项目在上述过程中的问题，以住宅开发路线为基础，结合商业地产开发项目特点，依托 BIM 基本应用原则的"资源、行为、标准"实施体系，制定 BIM 的实施技术路线，该路线以 BIM 实施解决技术问题为依据，以 BIM 工具软件为载体，分析具体 BIM 应用价值的实施路线。该路线包括设计与施工两个阶段。

针对各阶段不同 BIM 应用，以欧特克公司的 Revit 套件为 BIM 模型数据源创建软件，以各阶段 BIM 专业工具进行 BIM 数据分析、过程模拟。以项目管理软件为数据交换平台，将各阶段 BIM 数据提交、管理起来，并根据项目组织机构、任务安排进行数据流转，并结合 BIM 模型形成最终的项目管控数据，具体 BIM 实施技术路线如下：

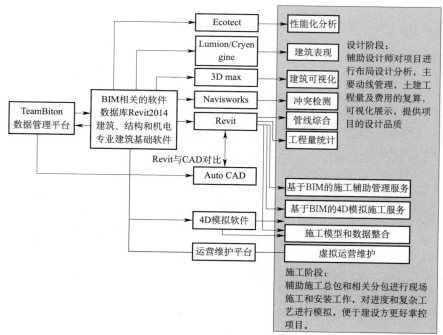

图 5 - 100 周家渡项目 BIM 实施技术路线图

资源库建设：依照上述 BIM 实施技术路线，为更好推进 BIM 实施，提高工作效率，建立了项目 BIM 实施资源库，针对 BIM 族，结合 Revit 模型创建软件，制作了项目族库，其中制定建筑族 483 个，结构族 153 个，机电族 568 个，以及其他相关族 1048 个。族库建立为当前模型快速创建以及 BIM 后期深入应用，打下了坚实基础。

图 5 – 101 周家渡项目 IBM 实施资源库

项目标准建设：为规范 BIM 实施行为，项目组针对项目实施特点，制订了文件标准与模型创建标准。

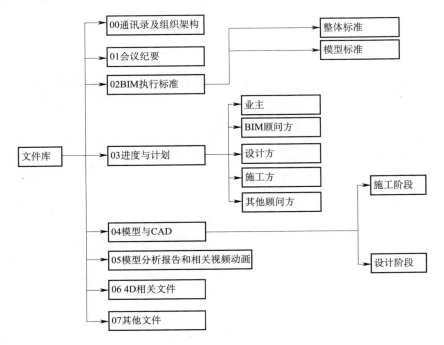

图 5 – 102 周家渡项目 BIM 实施文件标准

其中，文件库主要包括对 BIM 实施行为，如会议、进度及其计划等依据文件分类标准进行归档管理，还包括对 BIM 模型图纸的管理，如按照施工阶段、设计阶段对模型的管理。

模型标准部分，以上海建筑信息模型标准为基础，结合实施团队与周家渡项目 BIM 实施要求，对标准进行了项目深化。主要包括模型深度标准、模型编码体系以及相应的模型扣减规则、出图标准、拆分原则等。

图 5 - 103
周家渡项目 BIM 实施模型标准

流程管控：周家渡 BIM 项目组充分利用信息化平台，进行 BIM 实施过程中的数据流转与管控。结合项目管理平台 TeamBition，将各参与方统一到平台中，分配不同权限，按照工作流程安排，进行任务分配、提交、归档管理，从而实现了业主对 BIM 实施的管控。

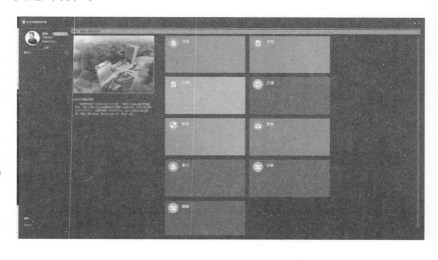

图 5 - 104(a)
周家渡项目 BIM 实施管控平台

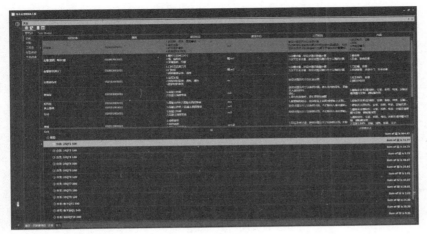

图 5 - 104(b)
周 家 渡 项
目 BIM 实
施管控平台

5.3.3 BIM 应用

周家渡项目根据工程实施阶段，主要围绕设计、施工两个阶段展开，最后在运维阶段，结合物业公司管理模式，开展了 BIM 在运维阶段运用。

1. 设计阶段：通过 BIM 技术进行辅助设计，解决在建筑设计过程中的布局设计分析、主要动线管理、土建工程量及其费用的复算，以及相关的可视化展示。最终，通过 BIM 技术提高项目的设计品质。

（1）方案推敲

通过 BIM 模型可视化技术，使得建筑建造前置，使得性能分析、成本、安全、舒适度等指标有了更精准数据作支撑，为建筑设计提供决策支持。

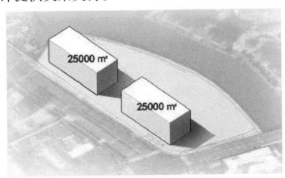

办公与商业方案推敲

图 5 - 105
周 家 渡 项
目 BIM 设
计 分 项 方
案推敲图

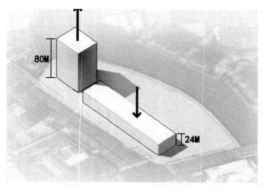

办公塔楼与商业方案推敲

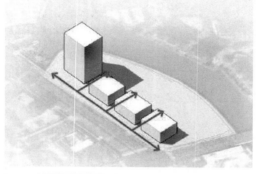

裙房切分，带来更多商业价值

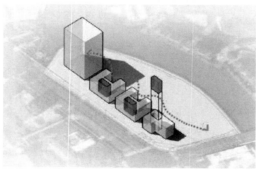

置入庭院与交通核，延长景观价值面

图 5 – 105
周家渡项
目 BIM 设
计 分 项 方
案 推 敲 图
（续）

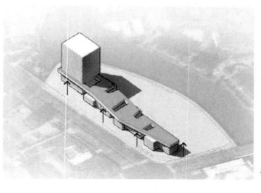

公共活动平台，弥补促公共空间

图 5 – 106
周家渡项
目 BIM 设
计 方 案 整
体推敲图

（2）功能规划

利用 BIM 进行各业态可用空间精确体量建模，从而计算出各
业态的精确面积，辅助业主和设计师进行进一步的方案深化。

图 5 – 107
周家渡项
目 BIM 设
计功能规
划图

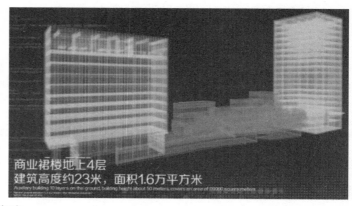

图 5 – 107
周家渡项
目 BIM 设
计功能规
划图（续）

（3）幕墙

围绕建筑幕墙外装，针对从体量搭建到嵌板分割、传热及安全系数分析，以及幕墙深化、优化，最终为幕墙设计环节品质提升服务。

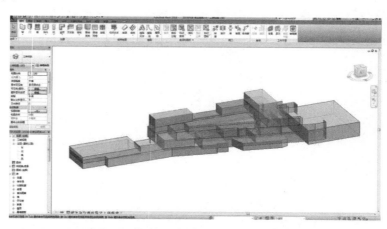

图 5 – 108
周家渡项
目幕墙体
量模型

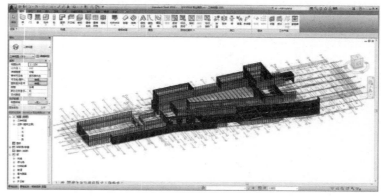

图 5 – 109
周家渡项
目嵌板分
割模型

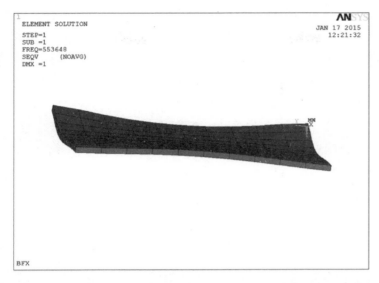

图 5－110

铝型材壁厚应力分析

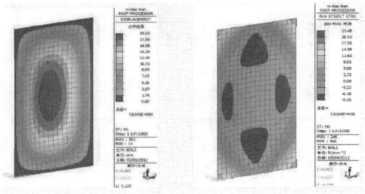

玻璃挠度　　　　　　　　玻璃应力

图 5－111

幕墙力学计算

图 5－112

幕墙深化优化图

（4）设计质量控制

利用 BIM 技术的可视化、参数化特性，对周家渡项目中的复杂机电系统，在 BIM 协调模式下，各专业模型搭建完成后拼装成整体模型，为各专业提供沟通协同平台，建筑、结构及机电专业以实体的形式平等地直观呈现。为了达到设计目的，各个专业综合考虑各自能作出的努力与妥协，保证决策的科学性、合理性。针对设计质量问题，要求 BIM 设计方出具包括规范检查报告、安装空间检查报告、净空检查报告、方案优化报告等在内的各种报告文本，监督设计质量。

图 5 – 113
周家渡项
目 BIM 设
计各项报告

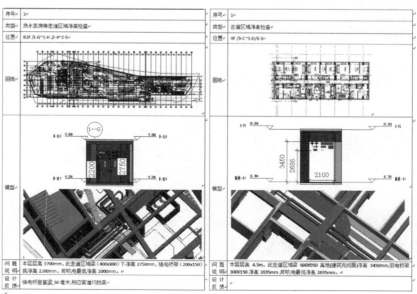

图 5 – 114
周家渡项
目 BIM 净
高检查报告

问题	问题说明	严重程度	提出时间	反馈时间	解决时间	是否已经解决
1	1#办公楼4F-排风立管与结构梁		20141230			
2	1#办公楼4F-排风立管与结构梁		20141230			
3	1#办公楼4F-办公区送风管均与		20141230			
4	1#办公楼4F-电梯厅区域排烟管		20141230			
5	2#酒店4F-酒店走道区域风管与		20141230			
6	B1F-汽车坡道	严重	20150204	20150304		未解决
7	B1F-汽车坡道	严重	20150204	20150304		未解决
8	B1F-车道区域	严重	20150204	20150304		未解决
9	B1F-车道区域	严重	20150204	20150304	20150304	
10	B1F-此车道区域梁下净高4200		20150204	20150304		未解决

图 5 – 115 周家渡项目问题跟踪报告

（5）绿色设计

周家渡项目设计过程中，秉持可持续发展理念，利用相关 BIM 软件对设计的绿色成果及性能作相关分析及验证。在概念设计阶段，通过 Ecotect 气象分析工具对项目所在地理气象环境信息进行统计分析，为项目生态化设计提供基础数据支持。

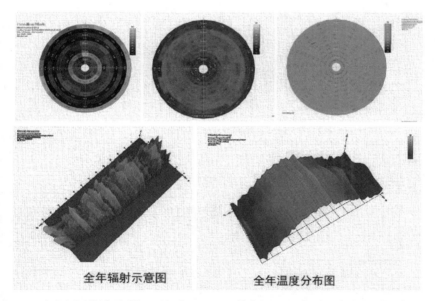

全年辐射示意图　　　**全年温度分布图**

图 5 – 116 周家渡项目气候绿色分析

在概念设计阶段，通过 Ecotect 分析工具对项目规划可视度进行分析，为项目生态化设计提供基础数据支持。

在方案设计阶段，将 BIM 模型与 CFD 软件结合，开展场地风环境的模拟分析，对建筑设计过程方案进行验证和优化，引导形成良好的室外风环境和室内的自然通风条件，而基于 BIM 的 CFD 分析，大大降低了模拟工作量，提升了工作效率。

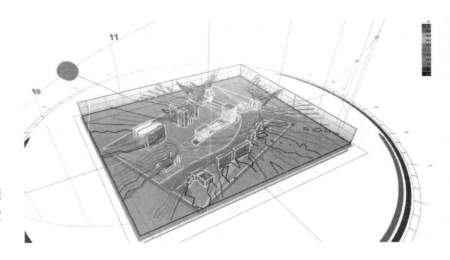

图 5 – 117
周家渡项
目可视度
分析

夏季-风速

夏季主导风向东南风，平均风速3.5m/s条件下，室外场地1.5m人行高度的风速云图

项目裙房底层过道形成"通风走廊"，使得北面公园的整体风速达到1.95m/s，建筑周边距地1.5 高度处平均风速为1.74m/s，最大风速为4.50m/s。室外场地整体风环境较为舒适

夏季主导风向东南风，平均风速3.5m/s条件下，屋顶花园1.5m人行高度的风速云图

项目裙房绿化屋顶1.5m人行高度处平均风速为1.19m/s，最大风速为4.35m/s，夏季有吹风感，屋顶花园环境较为凉爽舒适

夏季-风压

图 5 – 118
周家渡项
目风环境
分析

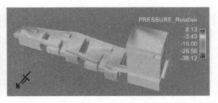

由风压图可看出，夏季建筑迎风面为南、东南立面，背风面为北、西北立面，迎风面和背风面的平均压差在11Pa左右，结合方案幕墙可开启窗的设计，室内可形成良好的自然通风环境

　　通过反复的方案优化分析，最终形成的设计方案室外风场流畅，不同季节工况下室外风速均保持在舒适范围内，而且建筑表面形成充足的风压差，为室内自然通风的利用提供良好的条件。

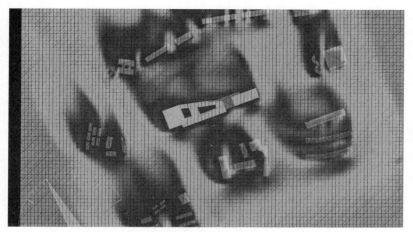

图 5 – 119
周 家 渡 项
目 风 环 境
优化方案

利用 BIM 模型，对项目形成方案进行了项目污染及 PM2.5 颗粒的分析，分析表明项目对周边环境影响适中，接近道路和居民区的立面，通过后期绿化，减少其影响。

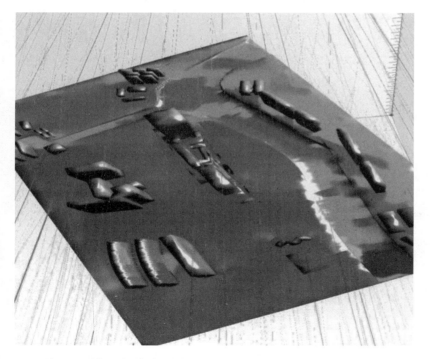

图 5 – 120
周 家 渡 项
目 污 染 物
分析

将 BIM 模型与辐射分析软件结合，进行屋面辐射状况分析，提供定量化的屋面辐射状况数据，为屋面太阳能集热器和光伏电池板的布置提供依据。

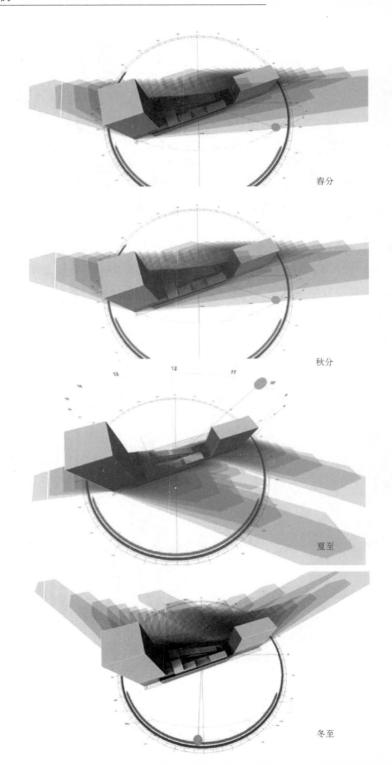

春分

秋分

夏至

冬至

图 5 – 121
周 家 渡 项
目 屋 面 辐
射分析

通过定量化的辐射分析，选择1#和2#塔楼屋顶作为太阳能设施布置位置。其中太阳能热水集热器面积230m²，太阳能光伏电池板105.75kWP。

借助TRNSYS软件对太阳能热水系统和光伏发电系统的全年运行效果进行验证，太阳能热水供应比例可达到34%，太阳能光伏发电量占建筑全年总用电量的比例可达到3.2%。

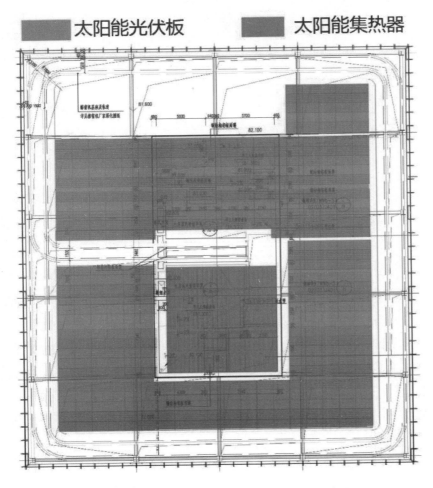

图 5 - 122
周家渡项
目屋面太
阳能板设置

将BIM模型与ECOTECT结合，对方案的自然采光效果进行验证分析，判断是否符合绿色建筑目标要求，并据此优化幕墙可见光参数；通过对幕墙参数的优化，项目最终实现了卓越的自然采光效果，100%的办公室采光系数平均值满足《建筑采光设计标准》GB 50033 – 2013 的要求，营造出舒适节能的光环境。

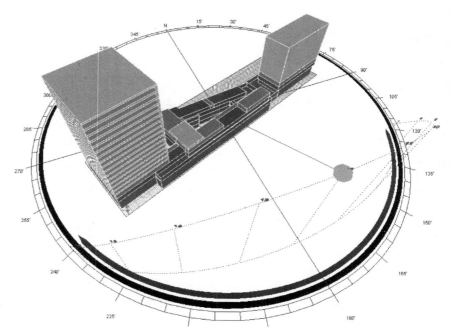

图 5 – 123
周家渡项
目自然采
光优化分析

    针对地下室采光需求，采取光导照明的解决方案，基于 BIM 信息模型开展的采光分析，可以定量化评估导光管分布方案，提升光导照明策略的技术经济性。通过模拟优化分析，最终选择在 1 号楼下车点前的绿化带设置 10 个 800mm × 800mm 的导光管，有效改善地下一层停车库的自然采光。

    针对绿色建筑提出 10% 幕墙可开启面积比例的目标，在 Revit 模型中对可开启窗扇进行表示，统计出相关面积，辅助进行设计；以提升室内通风效果为目标，将 BIM 与 CFD 软件结合，开展室内自然通风模拟分析，验证通风效果，调节开窗位置和面积。

    （6）建筑能耗分析

    项目设计伊始即确定年单位面积能耗 90kWh 电的目标，而要保证这一目标的实现，需要对设计过程和内容进行精准把控。BIM 信息模型为能耗模拟分析和控制提供了便捷的工具，贯穿设计各阶段。

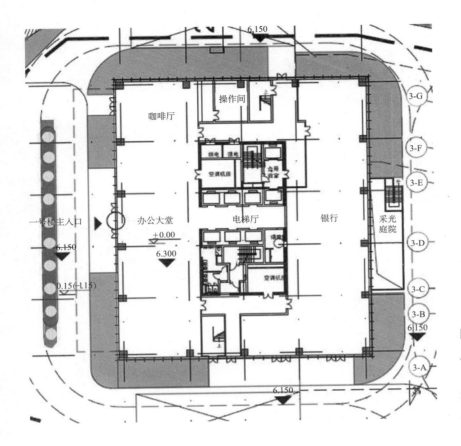

图 5 – 124 周家渡项目光导管布置方案分析

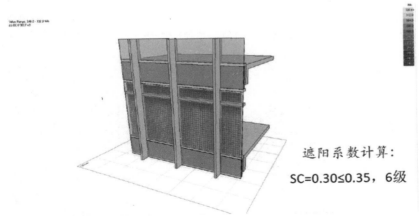

遮阳系数计算:
SC=0.30≤0.35，6级

图 5 – 125 周家渡项目遮阳系数计算

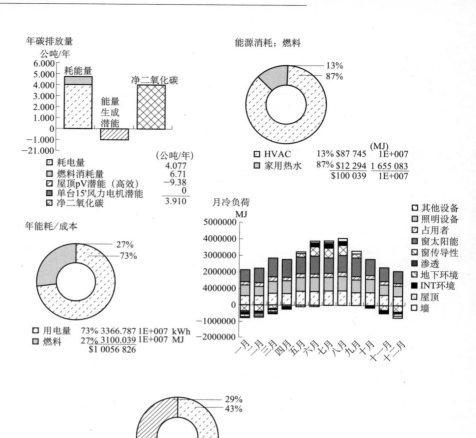

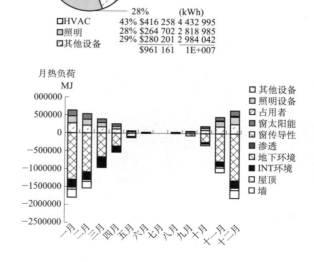

图 5－126
周家渡项
目建筑能
耗分析

通过对围护结构热工性能、空调设备能效、空调系统设计等环节的优化控制以及太阳能的利用，借助能耗模拟分析手段对效果的验证，实现了项目单位面积年运行能耗 90kWh 电的设计目标。

提高热工参数　　　　　选用高效主机

选用高效锅炉　　　　　水系统优化设计

图 5-127
周家渡项目热工能耗达成优化

基于 BIM 模型，利用 EQUEST 开展建筑全年动态负荷模拟分析，合理优化冰蓄冷空调系统的设计参数，以日供冷量的 30% 作为设计目标，配置冰蓄冷系统组成。

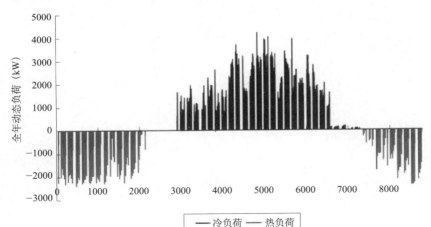

——冷负荷 —— 热负荷

图 5-128
周家渡项目全年动态负荷分析

（7）建筑疏散分析

利用 BIM 软件对项目重大应急方案进行疏散分析模拟，避免设计不当带来应急逃生时人员伤亡问题，辅助进行设计优化，提高设计品质。

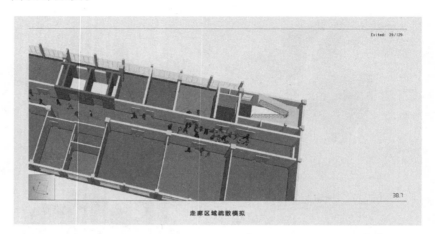

图 5-129
周家渡项
目走廊区
人员疏散
模拟

（8）土建与装修一体化协调

利用 BIM 模型进行土建设计与装修设计统一协调，在土建设计时考虑装修设计需求，事先进行孔洞预留和装修面层固定件的预埋，减少设计的反复，减少材料的消耗，降低装修成本。

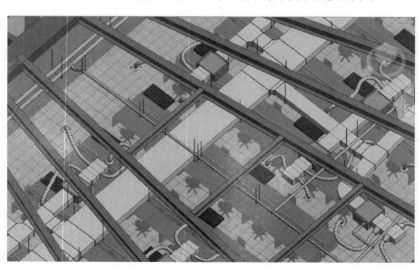

图 5-130
周家渡项
目土建为
精装洞口
预留预埋

（9）形象化的技术展示

基于 BIM 模型进行轻量化显示，特别是利用相关可视化软件，可以达到更好的展现效果，便于项目交流和演示。

图 5 –131 周家渡项目地下停车场可视化表达

图 5 – 132 周家渡项目地下室外园林景观可视化表达

2. 施工阶段：主要通过对施工总包及其分包的过程管理，通过 BIM 技术进行施工指导。主要包括对复杂施工工艺的模拟，对现场施工和安装工作的指导，以及对施工过程中的进度、质量、安全的管控。从而提高施工质量，降低施工变更，最终提升建筑品质。

（1）机电深化

周家渡项目，工程项目体量大，特别是机电管线方面，管线交叉密集，排布复杂。利用 BIM 技术，通过对管线进行深化和优化，减少不必要的管线碰撞，避免后期施工返工。

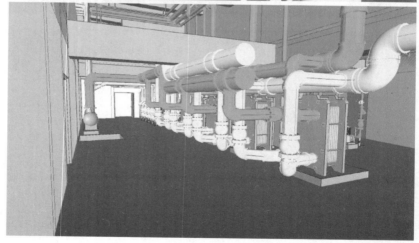

图 5-133
周家渡项
目施工机
电深化

（2）施工模拟

周家渡项目利用 BIM 模型对施工过程进行模拟，特别是重难点项目进行模拟，以模拟发现施工过程中潜在问题，从而提高施工质量，降低施工风险。

图 5 – 134
周家渡项
目施工吊
装模拟

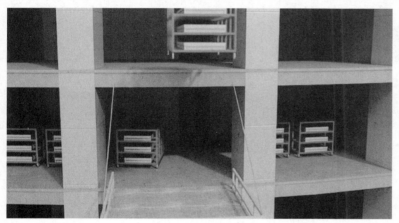

图 5 – 135
周家渡项
目幕墙安
装模拟

除了对施工过程进行模拟外，还对现场场地布置进行模拟。

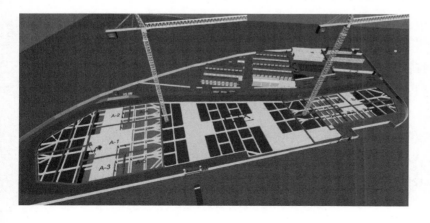

图 5 – 136
周家渡项
目场地布
置模拟

（3）数据输出

根据 BIM 模型提供的参数化数据，利用数据输出软件，提供精准定位。特别是在幕墙安装、管线定位方面，可以提供精确数据支持。

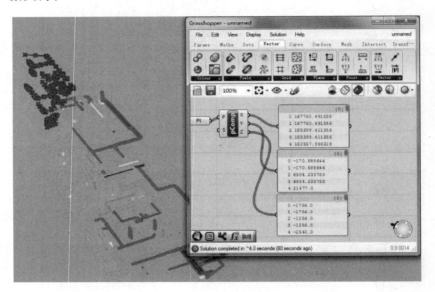

图 5 - 137
周家渡项
目管线定
位输出

（4）现场施工指导

周家渡项目充分利用移动终端技术，将 Ipad 手持设备，通过 BIM 可视化软件实现轻量化显示，配合现场图片，使得项目现场的沟通效率变更，项目的实施质量得以实时监控。

（5）BIM 施工管理

使用项目管理系统，无损导入 BIM 模型，并对模型构件进行分析及精确算量及工程量数据校验，在软件中模拟进度计划编排分配及对施工过程模拟，并进行工程成本分析和预测，达到施工过程的精确化控制。

3. 运维阶段：主要结合物业管理公司的日常管理模式，以及绿色建筑三星评价，实现基于空间管理的能耗分摊，打通设备设施资产管理与 BIM 模型数据的连接，从而实现对不动产的资产、能耗、运维、风险的管理。

图 5 – 138
周 家 渡 项
目 BIM 模
型 现 场 施
工指导

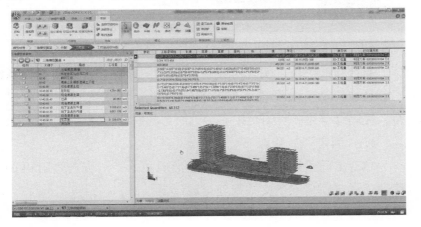

图 5 – 139
周 家 渡 项
目 使 用
BIM 模 型
进行资金、
进度管理

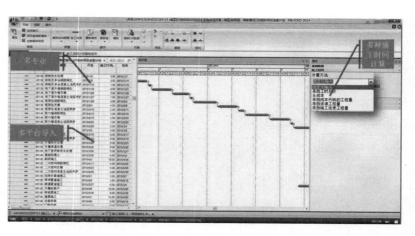

图 5 - 139
周家渡项
目使用
BIM 模型
进行资金、
进度管理
（续）

（1）空间管理

通过与商业运维软件的对接，将 BIM 模型导入运维软件中，从而实现对建筑功能空间的统计、分析管理。

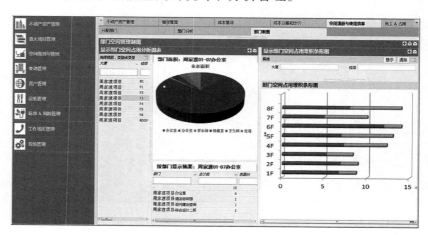

图 5 - 140
周家渡项
目使用
BIM 模型
空间管理

（2）维修维护管理

通过在线下单，实现对设备设施的实时保修，并根据设备编码信息，自动获取设备详细数据，为维修维护人员提供数据支持，提高维修维护针对性。

（3）固定资产管理

结合空间可视化表现，通过条形码技术，对资产进行可视化管理，形成固定资产实施管理与统计。

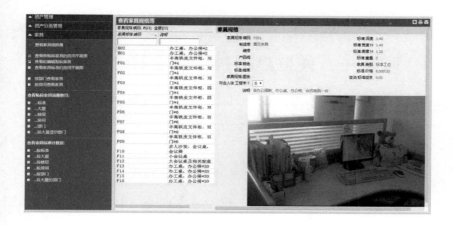

图5-141
周家渡项
目使用在
线保修

附录一：模型建模构件深度等级要求

构件参数深度要求

编号	项目各阶段	建筑—场地				
		1.0	2.0	3.0	4.0	5.0
1	方案	√				
	初设		√			
	施工图			√		
	施工深化			√		
	施工			√		
	运维				√	

构件参数深度要求

编号	项目各阶段	建筑—墙				
		1.0	2.0	3.0	4.0	5.0
2	方案	√				
	初设		√			
	施工图			√		
	施工深化			√		
	施工			√		
	运维				√	

构件参数深度要求

编号	项目各阶段	建筑—散水				
		1.0	2.0	3.0	4.0	5.0
3	方案	√				
	初设		√			
	施工图		√			
	施工深化			√		
	施工			√		
	运维			√		

构件参数深度要求

编号	项目各阶段	建筑—幕墙				
		1.0	2.0	3.0	4.0	5.0
4	方案	√				
	初设		√			
	施工图			√		
	施工深化				√	
	施工				√	
	运维					√

构件参数深度要求

编号	项目各阶段	建筑—建筑柱				
		1.0	2.0	3.0	4.0	5.0
5	方案	√				
	初设		√			
	施工图			√		
	施工深化			√		
	施工			√		
	运维			√		

构件参数深度要求

编号	项目各阶段	建筑—门窗				
		1.0	2.0	3.0	4.0	5.0
6	方案	√				
	初设		√			
	施工图			√		
	施工深化				√	
	施工				√	
	运维					√

构件参数深度要求

编号	项目各阶段	建筑—屋顶				
		1.0	2.0	3.0	4.0	5.0
7	方案	√				
	初设		√			

构件参数深度要求					
编号	项目各阶段	建筑—屋顶				
		1.0	2.0	3.0	4.0	5.0
7	施工图			√		
	施工深化			√		
	施工			√		
	运维			√		

构件参数深度要求					
编号	项目各阶段	建筑—楼板				
		1.0	2.0	3.0	4.0	5.0
8	方案	√				
	初设		√			
	施工图			√		
	施工深化			√		
	施工			√		
	运维			√		

构件参数深度要求					
编号	项目各阶段	建筑—顶棚				
		1.0	2.0	3.0	4.0	5.0
9	方案	√				
	初设		√			
	施工图			√		
	施工深化			√		
	施工			√		
	运维			√		

构件参数深度要求					
编号	项目各阶段	建筑—楼梯				
		1.0	2.0	3.0	4.0	5.0
10	方案	√				
	初设		√			
	施工图			√		
	施工深化			√		

续表

构件参数深度要求					
编号	项目各阶段	建筑—楼梯				
		1.0	2.0	3.0	4.0	5.0
10	施工			√		
	运维			√		

构件参数深度要求					
编号	项目各阶段	建筑—电梯（直梯）				
		1.0	2.0	3.0	4.0	5.0
11	方案	√				
	初设		√			
	施工图			√		
	施工深化			√		
	施工			√		
	运维			√		

构件参数深度要求					
编号	项目各阶段	建筑—电梯（扶梯）				
		1.0	2.0	3.0	4.0	5.0
12	方案	√				
	初设		√			
	施工图			√		
	施工深化			√		
	施工			√		
	运维			√		

构件参数深度要求					
编号	项目各阶段	结构—板				
		1.0	2.0	3.0	4.0	5.0
13	方案	√				
	初设		√			
	施工图			√		
	施工深化			√		
	施工			√		
	运维			√		

构件参数深度要求

编号	项目各阶段	结构—柱				
		1.0	2.0	3.0	4.0	5.0
14	方案	√				
	初设		√			
	施工图			√		
	施工深化			√		
	施工			√		
	运维			√		

构件参数深度要求

编号	项目各阶段	结构—梁柱节点				
		1.0	2.0	3.0	4.0	5.0
15	方案	√				
	初设		√			
	施工图			√		
	施工深化			√		
	施工			√		
	运维			√		

构件参数深度要求

编号	项目各阶段	结构—墙				
		1.0	2.0	3.0	4.0	5.0
16	方案	√				
	初设		√			
	施工图			√		
	施工深化			√		
	施工			√		
	运维			√		

构件参数深度要求

编号	项目各阶段	结构—墙				
		1.0	2.0	3.0	4.0	5.0
17	方案	√				
	初设		√			

续表

	构件参数深度要求					
编号	项目各阶段	结构—墙				
		1.0	2.0	3.0	4.0	5.0
17	施工图			√		
	施工深化			√		
	施工			√		
	运维			√		

	构件参数深度要求					
编号	项目各阶段	结构—预埋及吊环				
		1.0	2.0	3.0	4.0	5.0
18	方案	√				
	初设		√			
	施工图			√		
	施工深化			√		
	施工			√		
	运维			√		

	构件参数深度要求					
编号	项目各阶段	结构—基础				
		1.0	2.0	3.0	4.0	5.0
19	方案	√				
	初设		√			
	施工图			√		
	施工深化			√		
	施工			√		
	运维			√		

	构件参数深度要求					
编号	项目各阶段	结构—基坑工程				
		1.0	2.0	3.0	4.0	5.0
20	方案	√				
	初设		√			
	施工图			√		
	施工深化			√		

构件参数深度要求					
编号	项目各阶段	结构—基坑工程				
		1.0	2.0	3.0	4.0	5.0
20	施工			√		
	运维			√		

构件参数深度要求					
编号	项目各阶段	结构—柱				
		1.0	2.0	3.0	4.0	5.0
21	方案	√				
	初设		√			
	施工图			√		
	施工深化			√		
	施工			√		
	运维			√		

构件参数深度要求					
编号	项目各阶段	结构—桁架				
		1.0	2.0	3.0	4.0	5.0
22	方案	√				
	初设		√			
	施工图			√		
	施工深化			√		
	施工			√		
	运维			√		

构件参数深度要求					
编号	项目各阶段	结构—梁				
		1.0	2.0	3.0	4.0	5.0
23	方案	√				
	初设		√			
	施工图			√		
	施工深化			√		
	施工			√		
	运维			√		

构件参数深度要求

编号	项目各阶段	结构—柱脚				
		1.0	2.0	3.0	4.0	5.0
24	方案	√				
	初设		√			
	施工图			√		
	施工深化			√		
	施工			√		
	运维			√		

构件参数深度要求

编号	项目各阶段	给排水—管道				
		1.0	2.0	3.0	4.0	5.0
25	方案	√				
	初设		√			
	施工图			√		
	施工深化				√	
	施工					√
	运维					√

构件参数深度要求

编号	项目各阶段	给排水—阀门				
		1.0	2.0	3.0	4.0	5.0
26	方案	√				
	初设		√			
	施工图			√		
	施工深化			√		
	施工				√	
	运维					√

构件参数深度要求

编号	项目各阶段	给排水—附件				
		1.0	2.0	3.0	4.0	5.0
27	方案	√				
	初设		√			

编号	项目各阶段	给排水—附件				
		1.0	2.0	3.0	4.0	5.0
27	施工图			√		
	施工深化			√		
	施工				√	
	运维					√

构件参数深度要求

编号	项目各阶段	给排水—仪表				
		1.0	2.0	3.0	4.0	5.0
28	方案	√				
	初设		√			
	施工图			√		
	施工深化			√		
	施工				√	
	运维					√

构件参数深度要求

编号	项目各阶段	给排水—卫生器具				
		1.0	2.0	3.0	4.0	5.0
29	方案	√				
	初设		√			
	施工图			√		
	施工深化			√		
	施工				√	
	运维					√

构件参数深度要求

编号	项目各阶段	给排水—设备				
		1.0	2.0	3.0	4.0	5.0
30	方案	√				
	初设		√			
	施工图			√		
	施工深化			√		

续表

		构件参数深度要求				
编号	项目各阶段	给排水—设备				
		1.0	2.0	3.0	4.0	5.0
30	施工				√	
	运维					√

		构件参数深度要求				
编号	项目各阶段	暖通—风管道				
		1.0	2.0	3.0	4.0	5.0
31	方案	√				
	初设		√			
	施工图			√		
	施工深化			√		
	施工				√	
	运维					√

		构件参数深度要求				
编号	项目各阶段	暖通—管件				
		1.0	2.0	3.0	4.0	5.0
32	方案	√				
	初设		√			
	施工图			√		
	施工深化			√		
	施工				√	
	运维					√

		构件参数深度要求				
编号	项目各阶段	暖通—附件				
		1.0	2.0	3.0	4.0	5.0
33	方案	√				
	初设		√			
	施工图			√		
	施工深化			√		
	施工				√	
	运维					√

构件参数深度要求

编号	项目各阶段	暖通—末端				
		1.0	2.0	3.0	4.0	5.0
34	方案	√				
	初设		√			
	施工图			√		
	施工深化			√		
	施工				√	
	运维					√

构件参数深度要求

编号	项目各阶段	暖通—阀门				
		1.0	2.0	3.0	4.0	5.0
35	方案	√				
	初设		√			
	施工图			√		
	施工深化			√		
	施工				√	
	运维					√

构件参数深度要求

编号	项目各阶段	暖通—水管道				
		1.0	2.0	3.0	4.0	5.0
36	方案	√				
	初设		√			
	施工图			√		
	施工深化			√		
	施工				√	
	运维					√

构件参数深度要求

编号	项目各阶段	暖通—管件				
		1.0	2.0	3.0	4.0	5.0
37	方案	√				
	初设		√			

续表

	构件参数深度要求					
编号	项目各阶段	暖通—管件				
		1.0	2.0	3.0	4.0	5.0
37	施工图			√		
	施工深化			√		
	施工				√	
	运维					√

	构件参数深度要求					
编号	项目各阶段	暖通—附件				
		1.0	2.0	3.0	4.0	5.0
38	方案	√				
	初设		√			
	施工图			√		
	施工深化			√		
	施工				√	
	运维					√

	构件参数深度要求					
编号	项目各阶段	暖通—阀门				
		1.0	2.0	3.0	4.0	5.0
39	方案	√				
	初设		√			
	施工图			√		
	施工深化			√		
	施工				√	
	运维					√

	构件参数深度要求					
编号	项目各阶段	暖通—设备				
		1.0	2.0	3.0	4.0	5.0
40	方案	√				
	初设		√			
	施工图			√		
	施工深化			√		

续表

构件参数深度要求

编号	项目各阶段	暖通—设备				
		1.0	2.0	3.0	4.0	5.0
40	施工				√	
	运维					√

构件参数深度要求

编号	项目各阶段	暖通—仪表				
		1.0	2.0	3.0	4.0	5.0
41	方案	√				
	初设		√			
	施工图			√		
	施工深化			√		
	施工				√	
	运维					√

构件参数深度要求

编号	项目各阶段	电气—母线				
		1.0	2.0	3.0	4.0	5.0
42	方案	√				
	初设		√			
	施工图			√		
	施工深化			√		
	施工				√	
	运维					√

构件参数深度要求

编号	项目各阶段	电气—配电箱				
		1.0	2.0	3.0	4.0	5.0
43	方案	√				
	初设		√			
	施工图			√		
	施工深化			√		
	施工				√	
	运维					√

构件参数深度要求

编号	项目各阶段	电气—电度表				
		1.0	2.0	3.0	4.0	5.0
44	方案	√				
	初设		√			
	施工图			√		
	施工深化			√		
	施工				√	
	运维					√

构件参数深度要求

编号	项目各阶段	电气—变、配电站				
		1.0	2.0	3.0	4.0	5.0
45	方案	√				
	初设		√			
	施工图			√		
	施工深化			√		
	施工				√	
	运维					√

构件参数深度要求

编号	项目各阶段	电气—照明				
		1.0	2.0	3.0	4.0	5.0
46	方案	√				
	初设		√			
	施工图			√		
	施工深化			√		
	施工				√	
	运维					√

构件参数深度要求

编号	项目各阶段	电气—开关插座				
		1.0	2.0	3.0	4.0	5.0
47	方案	√				
	初设		√			

续表

构件参数深度要求

编号	项目各阶段	电气—开关插座				
		1.0	2.0	3.0	4.0	5.0
47	施工图			√		
	施工深化			√		
	施工				√	
	运维					√

构件参数深度要求

编号	项目各阶段	电气—避雷设备				
		1.0	2.0	3.0	4.0	5.0
48	方案	√				
	初设		√			
	施工图			√		
	施工深化			√		
	施工				√	
	运维					√

构件参数深度要求

编号	项目各阶段	电气—桥架				
		1.0	2.0	3.0	4.0	5.0
49	方案	√				
	初设		√			
	施工图			√		
	施工深化			√		
	施工				√	
	运维					√

构件参数深度要求

编号	项目各阶段	电气—接线				
		1.0	2.0	3.0	4.0	5.0
50	方案	√				
	初设		√			
	施工图			√		
	施工深化			√		

续表

	构件参数深度要求					
编号	项目各阶段	电气—接线				
		1.0	2.0	3.0	4.0	5.0
50	施工				√	
	运维					√

	构件参数深度要求					
编号	项目各阶段	弱电—探测器				
		1.0	2.0	3.0	4.0	5.0
51	方案	√				
	初设		√			
	施工图			√		
	施工深化			√		
	施工				√	
	运维					√

	构件参数深度要求					
编号	项目各阶段	弱电—按钮				
		1.0	2.0	3.0	4.0	5.0
52	方案	√				
	初设		√			
	施工图			√		
	施工深化			√		
	施工				√	
	运维					√

	构件参数深度要求					
编号	项目各阶段	弱电—火灾报警电话设备				
		1.0	2.0	3.0	4.0	5.0
53	方案	√				
	初设		√			
	施工图			√		
	施工深化			√		
	施工				√	
	运维					√

构件参数深度要求					
编号	项目各阶段	弱电—火灾报警设备				
		1.0	2.0	3.0	4.0	5.0
54	方案	√				
	初设		√			
	施工图			√		
	施工深化			√		
	施工				√	
	运维					√

构件参数深度要求					
编号	项目各阶段	弱电—桥架				
		1.0	2.0	3.0	4.0	5.0
55	方案	√				
	初设		√			
	施工图			√		
	施工深化			√		
	施工				√	
	运维					√

构件参数深度要求					
编号	项目各阶段	弱电—线槽				
		1.0	2.0	3.0	4.0	5.0
56	方案	√				
	初设		√			
	施工图			√		
	施工深化			√		
	施工				√	
	运维					√

构件参数深度要求					
编号	项目各阶段	弱电—通信网络插座				
		1.0	2.0	3.0	4.0	5.0
57	方案	√				
	初设		√			

续表

构件参数深度要求

编号	项目各阶段	弱电—通信网络插座				
		1.0	2.0	3.0	4.0	5.0
57	施工图			√		
	施工深化			√		
	施工				√	
	运维					√

构件参数深度要求

编号	项目各阶段	弱电—机房内设备				
		1.0	2.0	3.0	4.0	5.0
58	方案	√				
	初设		√			
	施工图			√		
	施工深化			√		
	施工				√	
	运维					√

构件参数深度要求

编号	项目各阶段	弱电—广播设备				
		1.0	2.0	3.0	4.0	5.0
59	方案	√				
	初设		√			
	施工图			√		
	施工深化			√		
	施工				√	
	运维					√

构件参数深度要求

编号	项目各阶段	市政—场地地形				
		1.0	2.0	3.0	4.0	5.0
60	方案	√				
	初设		√			
	施工图		√			
	施工深化		√			

续表

	构件参数深度要求					
编号	项目各阶段	市政—场地地形				
		1.0	2.0	3.0	4.0	5.0
60	施工		√			
	运维		√			

	构件参数深度要求					
编号	项目各阶段	市政—建筑物				
		1.0	2.0	3.0	4.0	5.0
61	方案	√				
	初设		√			
	施工图		√			
	施工深化		√			
	施工		√			
	运维		√			

	构件参数深度要求					
编号	项目各阶段	市政—设施设备				
		1.0	2.0	3.0	4.0	5.0
62	方案					
	初设					
	施工图	√				
	施工深化		√			
	施工		√			
	运维		√			

	构件参数深度要求					
编号	项目各阶段	市政—道路				
		1.0	2.0	3.0	4.0	5.0
63	方案	√				
	初设		√			
	施工图		√			
	施工深化		√			
	施工		√			
	运维		√			

构件参数深度要求					
编号	项目各阶段	市政—指示标牌				
		1.0	2.0	3.0	4.0	5.0
64	方案					
	初设					
	施工图	√				
	施工深化		√			
	施工		√			
	运维		√			

构件参数深度要求					
编号	项目各阶段	市政—市政管线				
		1.0	2.0	3.0	4.0	5.0
65	方案					
	初设					
	施工图	√				
	施工深化		√			
	施工		√			
	运维		√			

建筑专业模型层级细节

深度等级	1.0	2.0	3.0	4.0	5.0
场地	不表示	几何信息（形状、位置和颜色）	几何信息（模型实体尺寸、形状、位置和颜色等）	产品信息	
墙	几何信息（模型实体尺寸、形状、位置和颜色）	技术信息（材质信息、含粗略面层划分）	技术信息（详细面层信息、材质、节点详图）	产品信息（供应商、产品合格证、生产厂家、生产日期、价格等）	维保信息（使用年限、保修年限、维保频率、维保单位等）
散水	不表示	几何信息（形状、位置和颜色等）			

续表

深度等级	1.0	2.0	3.0	4.0	5.0
幕墙	几何信息（嵌板＋分隔）	几何信息（带简单竖挺）	几何信息（具体的竖挺截面，有连接构件）	技术信息（幕墙与结构连接方式）；产品信息（供应商、产品合格证、生产厂家、生产日期、价格等）	维保信息（使用年限、保修年限、维保频率、维保单位等）
建筑柱	几何信息（模型实体尺寸、形状、位置和颜色等）	技术信息（带装饰面，材质）	技术信息（材料和材质信息）	产品信息（供应商、产品合格证、生产厂家、生产日期、价格等）	维保信息（使用年限、保修年限、维保频率、维保单位等）
门、窗	几何信息（形状、位置等）	几何信息（模型实体尺寸、形状、位置和颜色等）	几何信息（门窗大样图，门窗详图）	产品信息（供应商、产品合格证、生产厂家、生产日期、价格等）	维保信息（使用年限、保修年限、维保频率、维保单位等）
屋顶	几何信息（悬挑、厚度、坡度）	几何信息（檐口、封檐带、排水沟）	几何信息（节点详图技术信息（材料和材质信息）	产品信息（供应商、产品合格证、生产厂家、生产日期、价格等）	维保信息（使用年限、保修年限、维保频率、维保单位等）
楼板	几何信息（坡度、厚度、材质）	几何信息（楼板分层，降板，洞口，楼板边缘）	几何信息（楼板分层细部作法，洞口更全）	产品信息（供应商、产品合格证、生产厂家、生产日期、价格等）	维保信息（使用年限、保修年限、维保频率、维保单位等）
顶棚	几何信息（用一块整板代替，只体现边界）	几何信息（厚度，局部降板，准确分割，并有材质信息）	几何信息（龙骨，预留洞口，风口等，带节点详图）	产品信息（供应商、产品合格证、生产厂家、生产日期、价格等）	维保信息（使用年限、保修年限、维保频率、维保单位等）
楼梯（含坡道、台阶）	几何信息（形状）	几何信息（详细建模，有栏杆）	几何信息（楼梯详图）	建造信息（安装日期，操作单位等）	维保信息（使用年限、保修年限、维保频率、维保单位等）

续表

深度等级	1.0	2.0	3.0	4.0	5.0
电梯（直梯）	几何信息（电梯门，带简单二维符号表示）	几何信息（详细的二维符号表示）	几何信息（节点详图）	产品信息（供应商、产品合格证、生产厂家、生产日期、价格等）	维保信息（使用年限、保修年限、维保频率、维保单位等）
家具	无	几何信息（形状、位置和颜色等）	几何信息（尺寸、位置和颜色等）	产品信息（供应商、产品合格证、生产厂家、生产日期、价格等）	维保信息（使用年限、保修年限、维保频率、维保单位等）

结构专业模型层级细节

深度等级	1.0	2.0	3.0	4.0	5.0
板	几何信息（板厚、板长、宽、表面材质颜色）	技术信息（材料和材质信息）	几何信息（分层做法，楼板详图，附带节点详图，钢筋布置图），技术信息（材料信息）	产品信息（供应商、产品合格证、生产厂家、生产日期、价格等）	维保信息（使用年限、保修年限、维保频率、维保单位等）
梁	几何信息（梁长宽高，表面材质颜色）	技术信息（材料和材质信息）	几何信息（梁标识，附带节点详图，钢筋布置图），技术信息（材料信息）	产品信息（供应商、产品合格证、生产厂家、生产日期、价格等）	维保信息（使用年限、保修年限、维保频率、维保单位等）
柱	几何信息（柱长宽高，表面材质颜色）	技术信息（材料和材质信息）	几何信息（柱标识，附带节点详图，钢筋布置图），技术信息（材料信息）	产品信息（供应商、产品合格证、生产厂家、生产日期、价格等）	维保信息（使用年限、保修年限、维保频率、维保单位等）

深度等级	1.0	2.0	3.0	4.0	5.0
梁柱节点	不表示	几何信息（连接方式，节点详图），技术信息（材质）	几何信息（连接方式，节点详图），技术信息（钢筋型号）	产品信息（供应商、产品合格证、生产厂家、生产日期、价格等）	维保信息（使用年限、保修年限、维保频率、维保单位等）
墙	几何信息（墙厚、长、宽、表面材质颜色）	技术信息（材料和材质信息）	几何信息（分层做法，墙身大样详图，空口加固等节点详图，钢筋布置图），技术信息（材料信息）	产品信息（供应商、产品合格证、生产厂家、生产日期、价格等）	维保信息（使用年限、保修年限、维保频率、维保单位等）
预埋及吊环	不表示	几何信息（长、宽、高物理轮廓）技术信息（材料和材质信息）	几何信息（大样详图，节点详图，钢筋布置图），技术信息（材料和材质信息）	产品信息（供应商、产品合格证、生产厂家、生产日期、价格等）	维保信息（使用年限、保修年限、维保频率、维保单位等）
地基基础	不表示	几何信息（基础长、宽、高基础轮廓、颜色）技术信息（材质）	几何信息（基础大样详图，钢筋布置图），技术信息（材料信息）	产品信息（供应商、产品合格证、生产厂家、生产日期、价格等）	维保信息（使用年限、保修年限、维保频率、维保单位等）
基坑工程	不表示	几何信息（基坑长、宽、高表面）	几何信息（基坑维护结构构件长、宽、高及具体轮廓，钢筋布置图）	产品信息（供应商、产品合格证、生产厂家、生产日期、价格等）	维保信息（使用年限、保修年限、维保频率、维保单位等）
钢结构柱	不表示	几何信息（基础长、宽、高基础轮廓、颜色），技术信息（材质）	几何信息（基础大样详图，钢筋布置图），技术信息（材料信息）	产品信息（供应商、产品合格证、生产厂家、生产日期、价格等）	维保信息（使用年限、保修年限、维保频率、维保单位等）

续表

深度等级	1.0	2.0	3.0	4.0	5.0
钢结构桁架	几何信息（桁架长宽高，无杆件表示，用体量代替，表面材质颜色）	技术信息（材料和材质信息，根据桁架类型搭建杆件位置示意图）	几何信息（桁架标识，桁架杆件连接构造，附带节点详图）	产品信息（供应商、产品合格证、生产厂家、生产日期、价格等）	维保信息（使用年限、保修年限、维保频率、维保单位等）
钢结构梁	几何信息（梁长宽高，表面材质颜色）	技术信息（材料和材质信息，根据钢材型号表示详细轮廓）	几何信息（钢梁标识，附带节点详图）	产品信息（供应商、产品合格证、生产厂家、生产日期、价格等）	维保信息（使用年限、保修年限、维保频率、维保单位等）
钢结构柱脚	不表示	几何信息（柱脚长、宽、高用体量表示）	几何信息（柱脚详细轮廓信息，柱脚标识，附带节点详图），技术信息（材料信息）	产品信息（供应商、产品合格证、生产厂家、生产日期、价格等）	维保信息（使用年限、保修年限、维保频率、维保单位等）

给排水专业模型层级细节

深度等级	1.0	2.0	3.0	4.0	5.0
管道	几何信息（管道类型、管径、主管标高）	几何信息（支管标高）	几何信息（加保温层、管道进设备机房）	技术信息（材料和材质信息、技术参数等）	维保信息（使用年限、保修年限、维保频率、维保单位等）
阀门	不表示	几何信息（绘制统一的阀门）	几何信息（按阀门的分类绘制）	技术信息（材料和材质信息、技术参数等），产品信息（供应商、产品合格证、生产厂家、生产日期、价格等）	维保信息（使用年限、保修年限、维保频率、维保单位等）

续表

深度等级	1.0	2.0	3.0	4.0	5.0
附件	不表示	几何信息（统一形状）	几何信息（按类别绘制）	技术信息（材料和材质信息、技术参数等），产品信息（供应商、产品合格证、生产厂家、生产日期、价格等）	维保信息（使用年限、保修年限、维保频率、维保单位等）
仪表	不表示	几何信息（统一规格的仪表）	几何信息（按类别绘制）	技术信息（材料和材质信息、技术参数等），产品信息（供应商、产品合格证、生产厂家、生产日期、价格等）	维保信息（使用年限、保修年限、维保频率、维保单位等）
卫生器具	不表示	几何信息（简单的体量）	几何信息（具体的类别形状及尺寸）	技术信息（材料和材质信息、技术参数等），产品信息（供应商、产品合格证、生产厂家、生产日期、价格等）	维保信息（使用年限、保修年限、维保频率、维保单位等）
设备	不表示	几何信息（有长宽高的简单体量）	几何信息（具体的形状及尺寸）	技术信息（材料和材质信息、技术参数等），产品信息（供应商、产品合格证、生产厂家、生产日期、价格等）	维保信息（使用年限、保修年限、维保频率、维保单位等）

暖通专业层级细节

深度等级	1.0	2.0	3.0	4.0	5.0
风管道	不表示	几何信息（按着系统只绘主管线，标高可自行定义，按着系统添加不同的颜色）	几何信息（按着系统绘制支管线，管线有准确的标高，管径尺寸、添加保温）	技术信息（材料和材质信息、技术参数等）	维保信息（使用年限、保修年限、维保频率、维保单位等）

续表

深度等级	1.0	2.0	3.0	4.0	5.0
管件	不表示	几何信息（绘制主管线上的管件）	几何信息（绘制支管线上的管件）	技术信息（材料和材质信息、技术参数等），产品信息（供应商、产品合格证、生产厂家、生产日期、价格等）	维保信息（使用年限、保修年限、维保频率、维保单位等）
附件	不表示	几何信息（绘制主管线上的附件）	几何信息（绘制支管线上的附件，添加连接件）	技术信息（材料和材质信息、技术参数等），产品信息（供应商、产品合格证、生产厂家、生产日期、价格等）	维保信息（使用年限、保修年限、维保频率、维保单位等）
末端	不表示	几何信息（示意，无尺寸与标高要求）	几何信息（绘制支管线上的附件，添加连接件）	技术信息（材料和材质信息、技术参数等），产品信息（供应商、产品合格证、生产厂家、生产日期、价格等）	维保信息（使用年限、保修年限、维保频率、维保单位等）
阀门	不表示	不表示	几何信息（绘制支管线上的附件，添加连接件）	技术信息（材料和材质信息、技术参数等），产品信息（供应商、产品合格证、生产厂家、生产日期、价格等）	维保信息（使用年限、保修年限、维保频率、维保单位等）
机械设备	不表示	不表示	几何信息（绘制支管线上的附件，添加连接件）	技术信息（材料和材质信息、技术参数等），产品信息（供应商、产品合格证、生产厂家、生产日期、价格等）	维保信息（使用年限、保修年限、维保频率、维保单位等）
暖通水管道	不表示	几何信息（按着系统只绘主管线，标高可自行定义，按着系统添加不同的颜色）	几何信息（按着系统绘制支管线，管线有准确的标高，管径尺寸，添加保温、坡度）	技术信息（材料和材质信息、技术参数等），产品信息（供应商、产品合格证、生产厂家、生产日期、价格等）	维保信息（使用年限、保修年限、维保频率、维保单位等）

续表

深度等级	1.0	2.0	3.0	4.0	5.0
暖通管件	不表示	几何信息（绘制支管线上的管件）	几何信息（绘制支管线上的管件）	技术信息（材料和材质信息、技术参数等），产品信息（供应商、产品合格证、生产厂家、生产日期、价格等）	维保信息（使用年限、保修年限、维保频率、维保单位等）
暖通附件	不表示	几何信息（绘制主管线上的附件）	几何信息（绘制支管线上的附件，添加连接件）	技术信息（材料和材质信息、技术参数等），产品信息（供应商、产品合格证、生产厂家、生产日期、价格等）	维保信息（使用年限、保修年限、维保频率、维保单位等）
暖通阀门	不表示	不表示	几何信息（绘制支管线上的附件，添加连接件）	技术信息（材料和材质信息、技术参数等），产品信息（供应商、产品合格证、生产厂家、生产日期、价格等）	维保信息（使用年限、保修年限、维保频率、维保单位等）
暖通设备	不表示	不表示	几何信息（绘制支管线上的附件，添加连接件）	技术信息（材料和材质信息、技术参数等），产品信息（供应商、产品合格证、生产厂家、生产日期、价格等）	维保信息（使用年限、保修年限、维保频率、维保单位等）
暖通仪表	不表示	不表示	几何信息（绘制支管线上的附件，添加连接件）	技术信息（材料和材质信息、技术参数等），产品信息（供应商、产品合格证、生产厂家、生产日期、价格等）	维保信息（使用年限、保修年限、维保频率、维保单位等）

电气专业层级细节

深度等级	1.0	2.0	3.0	4.0	5.0
设备	不表示	几何基本信息	几何信息（基本族、名称、符合标准的二维符号，相应的标高）	几何信息（准确尺寸的族、名称），技术信息（所属的系统）	几何信息（准确尺寸的族、名称技术信息、所属的系统），产品信息（供应商、产品合格证、生产厂家、生产日期、价格等）

续表

深度等级	1.0	2.0	3.0	4.0	5.0
母线桥架线槽	不表示	几何信息（基本路由）	几何信息（基本路由、尺寸标高）	几何信息（具体路由、尺寸标高、支吊架安装），技术信息（所属的系统）	几何信息（具体路由、尺寸标高、支吊架安装），技术信息（所属的系统），产品信息（供应商、产品合格证、生产厂家、生产日期、价格等）
管路	不表示	几何信息（基本路由、根数）	几何信息（基本路由、根数、所属系统）	几何信息（具体路由、根数），技术信息（材料和材质信息、所属的系统）	几何信息（具体路由、根数），技术信息（材料和材质信息、所属的系统），产品信息（供应商、产品合格证、生产厂家、生产日期、价格等）

附录二：专业模型深度等级表

模型深度与建筑专业各阶段对应关系表

阶段 ＼ 深度	1.0	2.0	3.0	4.0	5.0
概念设计、规划设计	√				
方案设计	√	√			
初步设计		√	√		
施工图设计			√	√	
施工建设				√	√
运营维护					√

建筑专业几何信息深度等级表　　　　　　附表 2－1

		内容	1.0级	2.0级	3.0级	4.0级	5.0级
几何信息深度	1	场地：场地边界（用地红线、高程、正北）、地形表面、建筑地坪、场地道路等	√	√	√	√	√
	2	建筑主体外观形状：例如体量形状大小、位置等	√	√	√	√	√
	3	建筑层数、高度、基本功能分隔构件、基本面积	√	√	√	√	√
	4	建筑标高	√	√	√	√	√
	5	建筑空间	√	√	√	√	√
	6	主体建筑构件的几何尺寸、定位信息：楼地面、柱、外墙、外幕墙、屋顶、内墙、门窗、楼梯、坡道、电梯、管井、吊顶等		√	√	√	√
	7	主要建筑设施的几何尺寸、定位信息：卫浴、部分家具、部分厨房设施等		√	√	√	√
	8	主要建筑细节几何尺寸、定位信息：栏杆、扶手、装饰构件、功能性构件（如防水防潮、保温、隔声、吸声）等		√	√	√	√
	9	主要技术经济指标的基础数据（面积、高度、距离、定位等）	√	√	√	√	√
	10	主体建筑构件深化几何尺寸、定位信息：构造柱、过梁、基础、排水沟、集水坑等			√	√	√

续表

		内容	1.0 级	2.0 级	3.0 级	4.0 级	5.0 级
几何信息深度	11	主要建筑设施深化几何尺寸、定位信息：卫浴、厨房设施等		√	√	√	√
	12	主要建筑装饰深化：材料位置、分割形式、铺装与划分			√	√	√
	13	主要构造深化与细节			√	√	√
	14	隐蔽工程与预留孔洞的几何尺寸、定位信息			√	√	√
	15	细化建筑经济技术指标的基础数据			√	√	√
	16	精细化构件细节组成与拆分的几何尺寸、定位信息				√	√
	17	最终构件的精确定位及外形尺寸				√	√
	18	最终确定的洞口的精确定位及尺寸				√	√
	19	构件为安装预留的细小孔洞				√	√
	20	实际完成的建筑构配件的位置及尺寸					√

建筑专业非几何信息深度等级表　　　附表 2-2

		内容	1.0 级	2.0 级	3.0 级	4.0 级	5.0 级
非几何信息深度	1	场地：地理区位、基本项目信息	√	√	√	√	√
	2	主要技术经济指标（建筑总面积、占地面积、建筑层数、建筑等级、容积率、建筑覆盖率等统计数据）	√	√	√	√	√
	3	建筑类别与等级（防火类别、防火等级、人防类别等级、防水防潮等级等基础数据）	√	√	√	√	√
	4	建筑房间与空间功能，使用人数，各种参数要求	√	√	√	√	√
	5	防火设计：防火等级、防火分区、各相关构件材料和防火要求等	√	√	√	√	√
	6	节能设计：材料选择、物理性能、构造设计等		√	√	√	√
	7	无障碍设计：设施材质、物理性能、参数指标要求等		√	√	√	√
	8	人防设计：设施材质、型号、参数指标要求等		√	√	√	√
	9	门窗与幕墙：物理性能、材质、等级、构造、工艺要求等		√	√	√	√
	10	电梯等设备：设计参数、材质、构造、工艺要求等		√	√	√	√

续表

		内容	1.0级	2.0级	3.0级	4.0级	5.0级
非几何信息深度	11	安全、防护、防盗实施：设计参数、材质、构造、工艺要求等		√	√	√	√
	12	室内外用料说明。对采用新技术、新材料的做法说明及对特殊建筑和必要的建筑构造说明		√	√	√	√
	13	需要专业公司进行深化设计部分，对分包单位明确设计要求、确定技术接口的深度			√	√	√
	14	推荐材质档次，可以选择材质的范围，参考价格			√	√	√
	15	工业化生产要求与细节参数				√	√
	16	工程量统计信息：工程采购				√	√
	17	施工组织过程与程序信息与模拟				√	√
	18	最终工程采购信息					√
	19	最终建筑安装信息、构造信息					√
	20	建筑物的各设备设施及构件的维修与运行信息。					√

结构专业几何信息深度等级表　　　　　附表 2－3

		内容	1.0级	2.0级	3.0级	4.0级	5.0级
几何信息深度	1	结构体系的初步模型表达 结构设缝 主要结构构件布置	√	√	√	√	√
	2	结构层数，结构高度	√	√	√	√	√
	3	主体结构构件：结构梁、结构板、结构柱、结构墙、水平及竖向支撑等的基本布置及截面		√	√	√	√
	4	空间结构的构件基本布置及截面，如桁架、网架的网格尺寸及高度等		√	√	√	√
	5	基础的类型及尺寸，如桩、筏板、独立基础等		√	√	√	√
	6	主要结构洞定位、尺寸		√	√	√	√
	7	次要结构构件深化：楼梯、坡道、排水沟、集水坑等			√	√	√
	8	次要结构细节深化：如节点构造、次要的预留孔洞			√	√	√
	9	建筑围护体系的结构构件布置			√	√	√
	10	钢结构深化			√	√	√
	11	精细化构件细节组成与拆分，如钢筋放样及组拼，钢构件下料				√	√

续表

		内容	1.0级	2.0级	3.0级	4.0级	5.0级
几何信息深度	12	预埋件，焊接件的精确定位及外形尺寸				√	√
	13	复杂节点模型的精确定位及外形尺寸				√	√
	14	施工支护的精确定位及外形尺寸				√	√
	15	构件为安装预留的细小孔洞。				√	√
	16	实际完成的建筑构配件的位置及尺寸					√

结构专业非几何信息深度等级表　　　　附表 2－4

		内容	1.0级	2.0级	3.0级	4.0级	5.0级
非几何信息深度	1	项目结构基本信息，如设计使用年限，抗震设防烈度，抗震等级等	√	√	√	√	√
	2	构件材质信息，如混凝土强度等级，钢材强度等级	√	√	√	√	√
	3	构件的配筋信息 钢筋构造要求信息，如钢筋锚固、截断要求等		√	√	√	√
	4	防火、防腐信息		√	√	√	√
	5	对采用新技术、新材料的做法说明及构造要求，如耐久性要求、保护层厚度等		√	√	√	√
	6	其他设计要求的信息		√	√	√	√
	7	工程量统计信息：主体材料分类统计，施工材料统计信息				√	√
	8	工料机信息				√	√
	9	施工组织及材料信息				√	√
	10	建筑物的各设备设施及构件的维修与运行信息。					√

机电专业几何信息深度等级表　　　　附表 2－5

		内容	1.0级	2.0级	3.0级	4.0级	5.0级
几何信息深度	1	主要机房或机房区的占位几何尺寸、定位信息	√	√	√	√	√
	2	主要路由（风井、水井、电井等）几何尺寸、定位信息	√	√	√	√	√
	3	主要设备（锅炉、冷却塔、冷冻机、换热设备、水箱水池、变压器、燃气调压设备等）几何尺寸、定位信息	√	√	√	√	√

续表

		内容	1.0级	2.0级	3.0级	4.0级	5.0级
几何信息深度	4	主要干管（管道、风管、桥架、电气套管等）几何尺寸、定位信息		√	√	√	√
	5	所有机房的占位几何尺寸、定位信息		√	√	√	√
	6	所有干管（管道、风管、桥架、电气套管等）几何尺寸、布置定位信息		√	√	√	√
	7	支管（管道、风管、桥架、电气套管等）几何尺寸、布置定位信息		√	√	√	√
	8	所有设备（水泵、消火栓、空调机组、暖气片、风机、配电箱柜等）几何尺寸、布置定位信息		√	√	√	√
	9	管井内管线连接几何尺寸、布置定位信息		√	√	√	√
	10	设备机房内设备布置定位信息和管线连接		√	√	√	√
	11	末端设备（空调末端、风口、喷头、灯具、烟感器等）布置定位信息和管线连接		√	√	√	√
	12	管道、管线装置（主要阀门、计量表、消声器、开关、传感器等）布置		√	√	√	√
	13	细部深化模型各构件的实际几何尺寸、准确定位信息			√	√	√
	14	单项（太阳能热水、虹吸雨水、热泵系统室外部分、特殊弱电系统等）深化设计模型			√	√	√
	15	开关面板、支吊架、管道连接件、阀门的规格、定位信息			√	√	√
	16	风管定制加工模型				√	√
	17	特殊三通、四通定制加工模型，下料准确几何信息				√	√
	18	复杂部位管道整体定制加工模型				√	√
	19	根据设备采购信息的定制模型					√
	20	实际完成的建筑设备与管道构件及配件的位置及尺寸					√

机电专业非几何信息深度等级表　　　　　　附表 2-6

		内容	1.0级	2.0级	3.0级	4.0级	5.0级
非几何信息深度	1	系统选用方式及相关参数	√	√	√	√	√
	2	机房的隔声、防水、防火要求	√	√	√	√	√
	3	主要设备功率、性能数据、规格信息		√	√	√	√
	4	主要系统信息和数据（说明建筑相关能源供给方式，如：市政水条件、冷热源条件）		√	√	√	√

续表

	内容	1.0级	2.0级	3.0级	4.0级	5.0级
非几何信息深度	5	所有设备性能参数数据		√	√	√	√
	6	所有系统信息和数据		√	√	√	√
	7	管道管材、保温材质信息		√	√	√	√
	8	暖通负荷的基础数据		√	√	√	√
	9	电气负荷的基础数据		√	√	√	√
	10	水力计算、照明分析的基础数据和系统逻辑信息		√	√	√	√
	11	主要设备统计信息		√	√	√	√
	12	设备及管道安装工法			√	√	√
	13	管道连接方式及材质			√	√	√
	14	系统详细配置信息			√	√	√
	15	推荐材质档次，可以选择材质的范围，参考价格			√	√	√
	16	设备、材料、工程量统计信息：工程采购				√	√
	17	施工组织过程与程序信息与模拟				√	√
	18	采购设备详细信息					√
	19	最后安装完成管线信息					√
	20	设备管理信息					√
	21	运维分析所需的数据、系统逻辑信息					√

附录三：中建地产新疆幸福里住宅小区项目 BIM 设计标准实施细则

"十二五"国家科技支撑计划
"城镇住宅建设 BIM 技术研究及其产业化应用示范"课题

中建地产新疆幸福里住宅小区项目
BIM 设计标准实施细则

中国中建地产有限公司
创建日期：2012 – 12
当前版本：1.0

简介

本 BIM 设计标准细则编制于中建地产新疆幸福里住宅小区项目 BIM 实施之前，从设计目的、交付成果内容、模型交付深度三个方面对模型设计提出了明确的要求。

第一章　BIM 设计目的

1. BIM 交付可以提供精准的设计数据	BIM 技术突破了传统二维设计的技术限制，能够使设计达到更高质量，同时能够完成很多在二维设计方式下很难进行的工作，如复杂建筑构件设计、预留孔洞的精准布置、管线综合的软硬碰撞问题等。
2. BIM 交付可以提供综合协调成果	通过建立综合协调模型，可以完成如电梯井布置及其他设计布置及净空要求的协调，防火分区与其他设计布置的协调，地下排水布置与其他设计的协调等工作
3. BIM 交付可以提供丰富的建筑分析	BIM 模型的创建，使建筑分析的各项工作能够提早展开并大规模进行，直接提高了建筑性能和设计质量
4. BIM 交付可以提供可视化的沟通手段	通过 BIM 模型直接展示设计结果（如三维效果图、动态漫游、4D 进度维度及 5D 成本维度展示等），可以使各参与方之间进行有效的沟通，并能更加准确地理解设计意图
5. BIM 交付可以提供与模型关联的二维视图	BIM 模型可以帮助设计人员准确地生成复杂二维视图（如剖面图、透视图、综合管线图、综合结构留洞图等），并保持与 BIM 模型的关联性

第二章　BIM 设计交付成果内容

1. 方案设计阶段	（1）BIM 方案设计模型：应提供经建筑分析及方案优化后的 BIM 方案设计模型，也可同时提供用于多方案比选的各 BIM 方案设计模型。 （2）建筑分析模型及报告：应提供必要的初步能量分析模型及生成的分析报告。 （3）BIM 浏览模型：应提供由 BIM 设计模型创建的带有必要工程数据信息的 BIM 浏览模型。 （4）可视化模型及生成文件：应提交基于 BIM 设计模型的表示真实尺寸的可视化展示模型，及其生成的室内外效果图、场景漫游、交互式实时漫游虚拟现实系统、对应的展示视频文件等可视化成果。 （5）由 BIM 模型生成的二维视图：由 BIM 模型生成的二维视图可直接用于方案评审，包括总平面图、各层平面图、主要立面图、主要剖面图、透视图等
2. 初步设计阶段	BIM 专业设计模型：应提供各专业 BIM 初步设计模型。 （2）BIM 综合协调模型：应提供综合协调模型，重点用于进行专业间的综合协调及完成优化分析等工作。 （3）BIM 浏览模型：与方案设计阶段类似，应提供由 BIM 设计模型创建的带有必要工程数据信息的 BIM 浏览模型。 （4）建筑分析模型报告：应提供能量分析模型、照明分析模型及生成的分析报告，并根据需要及业主要求提供其他分析模型及分析报告。

续表

2. 初步设计阶段	（5）可视化模型及生成文件：应提交基于 BIM 设计模型的表示真实尺寸的可视化展示模型，及其创建的室内外效果图、场景漫游、交互式实时漫游虚拟现实系统、对应的展示视频文件等可视化效果。 （6）由 BIM 模型生成的二维视图：该阶段有 BIM 模型生成的二维视图的重点应是通过二维方式绘制比较复杂剖面图、立面图等视图，对于总平面图、各层平面图等建议由 BIM 模型直接生成
3. 施工图设计阶段	（1）BIM 专业设计模型：应提供最终的各专业 BIM 设计模型。 （2）BIM 综合协调模型：应提供综合协调模型，重点用于进行专业间的综合协调，及检查是否存在因为设计错误造成无法施工的情况。 （3）BIM 浏览模型：与方案设计阶段类似，应提供由 BIM 设计模型创建的带有必要工程数据信息的 BIM 浏览模型。 （4）建筑分析模型及报告：应提供最终能量分析模型、最终照明分析模型、成本分析计算模型及生成的分析报告，并根据需要及业主要求提供其他分析模型及分析报告等。 （5）可视化模型及生成文件：应提交基于 BIM 设计模型的表示真实尺寸的可视化展示模型，及其创建的室内外效果图、场景漫游、交互式实时漫游虚拟现实系统、对应的展示视频文件等可视化效果。 （6）由 BIM 模型生成的二维视图：在经过碰撞检查和设计修改，消除了相应的错误以后，可根据需要通过 BIM 模型生成或更新所需的二维视图，如平立剖图、综合管线图、综合结构留洞图等。

第三章　BIM 模型交付物深度

建筑专业的 BIM 模型交付物深度　　　　附表 3-1

	方案设计阶段模型	初步设计阶段模型	施工图设计阶段模型
场地	（1）场地平面布局：场地功能分区；场地内拟建道路、停车场、广场、绿地及建筑物的布置； （2）场地道路交通：场地道路、广场、停车场布置、场地出入口及与周边道路的连接	（1）保留的地形、地物； （2）场地四邻原有及规划道路的位置和主要建筑物及构筑物的位置、层数、建筑间距； （3）拟建筑物、构筑物的位置，其中主要建筑物、构筑物应包括位置、尺寸和层数； （4）道路、广场的位置，停车场及停车位、消防车道及高层建筑消防扑救场地的布置； （5）绿化、景观及休闲设施的布置示意； （6）场地四邻的道路、地面、水面及其高度关系； （7）主要建筑物和构筑物的室内外设计高度； （8）场地的地面坡度及护坡、挡土、排水沟等	（1）保留的地形、地物； （2）场地四邻原有及规划道路的位置和主要建筑物及构筑物的位置、层数、建筑间距； （3）广场、停车场、运动场地、道路围墙、无障碍设施、排水沟、挡土墙、护坡等的布置； （4）拟建建筑物、构筑物的位置，其中主要建筑物、构筑物应包括形状、位置、尺寸和层数； （5）场地内的综合管线布置

续表

	方案设计阶段模型	初步设计阶段模型	施工图设计阶段模型
建筑	（1）首层各出入口位置及梯段、坡道； （2）功能分区及主要空间布置：各层主要功能区、主要房间的位置及面积； （3）电梯井及电梯基坑的布置； （4）水平和垂直交通关系：楼梯、电梯及走道的布置及相互关系； （5）结构受力体系中承重墙、柱网、剪力墙等的布置及关系； （6）主体建筑构件：外墙、幕墙、屋顶、主要内墙、内外墙门窗	（1）承重结构的形式、定位及尺寸以及主要承重结构构件，如内外承重墙、柱网、剪力墙等； （2）主要结构和建筑构造的部、配件，如非承重墙、壁柱、地面、楼板、吊顶、梁、柱、内外门窗（幕墙）、天窗、楼梯、电梯、自动扶梯、中庭、夹层、平台、阳台、雨篷、地沟、地坑、台阶、坡道、散水、明沟等； （3）主要建筑设备，如水池、卫生器具等与设备专业有关的设备及位置； （4）其他专业需要的竖井，如电梯井、管道井等，以及楼板及承重墙上较大的开洞	（1）墙（柱），包括内、外墙，柱的位置，墙体厚度及壁柱尺寸，墙体（主要为填充墙、承重砌体墙）预留洞的位置及尺寸； （2）各层楼板、夹层、楼地面预留孔洞和通气管道、管线竖井、烟囱、垃圾道等的位置及尺寸； （3）楼梯（爬梯）、电梯、自动扶梯及步道等建筑构件的位置； （4）主要建筑结构和建筑构造部件，如中庭、天窗、地沟、地坑、重要设备或设备机座、各种平台、夹层、阳台、雨篷、台阶、坡道、散水、明沟等的位置、尺寸； （5）主要建筑设备和固定家具，如卫生器具、雨水管、水池、台、橱、柜、隔断等的位置； （6）屋面结构，如女儿墙、檐口、天沟、屋顶、雨水口、变形缝、楼梯间、水箱间、电梯机房、天窗及挡风板、屋面上的人孔、检修梯、室外楼梯和垂直爬梯，及其他构筑物等的位置； （7）每楼层的防火分区和防火卷帘门的位置及安全出口的位置示意

结构专业的 BIM 模型交付物深度　　　　附表 3－2

	方案设计阶段模型	初步设计阶段模型	施工图设计阶段模型
结构	（1）上部结构选型，如钢筋混凝土结构的框架柱、框架梁、剪力墙等；钢结构的主要柱、梁等； （2）结构布置：主要柱、墙布置及楼面梁板布置	（1）基础结构，包括基础结构形式和主要基础构件的尺寸及布置； （2）上部结构，承重墙、柱、梁、板的布置及主要结构构件尺寸； （3）结构主要或关键性节点、支座的位置示意； （4）结构单元划分（结构伸缩缝、沉降缝、防震缝）及后浇带的位置和宽度； （5）标准层、特殊楼层及结构转换层的结构布置及主要构件尺寸； （6）楼板、承重墙、梁上预留孔洞的位置及尺寸； （7）特殊结构部位的构造	（1）基础，包括基础的形状、位置和尺寸及基础的埋置深度，箱基、筏基或一般地下室的底板厚度，地下室及人防各部分墙体的厚度；基础构件（包括承台、基础梁等）的位置、尺寸，地沟、地坑和已定设备基础的位置、尺寸等； （2）楼面结构，包括：梁、板、柱、剪力墙、抗震构造柱的位置及尺寸，预留孔洞及预埋件的位置、尺寸等； （3）屋面结构，屋顶、屋面预留洞或其他设施的位置及尺寸，其他屋面结构构件及支撑系统布置，女儿墙或女儿墙构造柱的位置及尺寸； （4）每层的楼梯结构形式（梁式、板式）、布置及尺寸； （5）特种结构和构筑物，如水池、水箱、烟囱、烟道、管架、地沟、挡土墙、简仓、大型或特殊要求的设备基础、工作平台等； （6）钢筋（可根据实际情况确定是否需要建模）

电气专业的 BIM 模型交付物深度　　　　附表 3－3

	方案设计阶段模型	初步设计阶段模型	施工图设计阶段模型
供电系统	变/配电室（站），弱电机房，电气（强电、弱电）竖井的位置、面积（只表示估算位置和面积）	变、配电系统，包括高低压开关柜、变压器、发电机、控制屏、直流电源及信号屏等设备的体量模型及安装位置	（1）变、配电站，包括变压器、发电机、开关柜、控制柜、直流及信号柜、补偿柜、支架、地沟、防雷保护及接地装置等的简略模型及安装位置、安装尺寸等； （2）高低压供配电系统，包括配电箱、控制箱的简略模型及布置，以及高低压输电线路的连接布置等； （3）竖向配电系统，以建筑物、构筑物为单位，自电源点开始至终端配电箱止，按所处的相应楼层分别布置所需的供配电设备及装置可以简略模型表示
照明系统		照明系统，包括照明灯具、应急照明灯、配电箱（或控制箱）的体量模型及位置，不需连线	配电箱、灯具、开关、插座、线路等的布置。

续表

	方案设计阶段模型	初步设计阶段模型	施工图设计阶段模型
消防及安全系统	变/配电室（站）、弱电机房、电气（强电、弱电）竖井的位置、面积（只表示估算位置和面积）	消防及安全系统控制室，及设备的体量模型及布置，如火灾自动报警系统、安全技术防范系统等	（1）火灾自动报警系统，包括消防控制室设备的简略模型及布置；各层消防装置及器件（探测器、报警器等）的布点、连线等； （2）保安监控系统、巡更系统、传呼系统及车辆管理系统等控制室设备的简略模型及布置； （3）防雷、接地系统，包括避雷针、避雷带、引下线、接地线、接地极、测试点、断接卡等的简略模型及布置
信息系统		信息系统控制室及设备的布置，如有线电视和卫星电视接收系统、广播、扩声与会议系统、建筑设备监控系统、信息系统（计算机网络和通信网络）等	电视系统、通信网络系统（电话、广播、会议等）、计算机网络系统等的机房主要设备简略模型及布置

其中配电箱以简略模型表示；而灯具、开关、插座等小型装置用通用的模型构件示意性表示即可，不需创建详细的模型构件。

给水排水专业的 BIM 模型交付物深度　　　附表 3-4

	方案设计模型阶段	初步设计阶段模型	施工图设计阶段模型
建筑室外给水排水	各类水专业用房（泵房、水处理机房、热交换站、水池、水箱等）的位置、大致面积及高度	（1）各类水专业泵房及水处理机房、热交换站、水池（箱）等用房的布置； （2）给水排水管道布置； （3）给水排水构筑物，如闸门井、消火栓井、水表井、检查井、隔油池、沉沙池、化粪池等的体量模型、位置及尺寸表示； （4）消防系统、中水系统、冷却循环水系统、重复用水系统、雨水利用系统等的设备体量模型、布置以及主要管道布置	（1）各类水专业泵房及水处理机房内的设备简略模型设备及安装位置，相应的管道、阀门、管件、附件、仪表、配电、起吊设备的简略模型及其相关位置、定位尺寸； （2）给水排水管网及构筑物的简略模型及位置尺寸； （3）其他给水排水建筑、构筑物，包括检查井、闸门井、消火栓井、集水井、计量设备、转换闸门井等的简略模型及定位尺寸； （4）输水管线及附属设备、闸门等的简略模型及其安装位置、尺寸； （5）各建筑物、构筑物内工艺设备的简略模型、安装位置、尺寸； （6）水塔（箱）、水池的简略模型及布置，配管布置及管径； （7）循环水构筑物（包括用水设备、冷却塔等）的设备简略模型及布置

续表

方案设计模型阶段	初步设计阶段模型	施工图设计阶段模型
建筑室内给水排水	各类水专业房（泵房、水处理机房、热交换站、水池、水箱等）的位置、大致面积及高度	（1）给水排水底层（首层）、地下室底层、标准层、管道和设备复杂层的管道布置，应表示室内外引入管和排出管的位置、管径等；（2）各类机房及水设施，如水池、水泵房、热交换站、水箱间、水处理间、游泳池、水景、冷却塔、热泵热水器、太阳能和屋面水利用等设备的体量模型及布置，主要管道的布置；（3）各种水系统，如给水系统、排水系统、各类消防系统、循环水系统、热水系统、中水系统、热泵热水系统、太阳能和屋面雨水利用系统等的设备，干管的体量模型及其布置	（1）各楼层给水排水、消防给水管道布置、立管位置及各用水点位置、管道穿剪力墙处的位置、预留孔洞尺寸等；（2）底层（首层）平面应表示引入管、排出管、水泵接合器管道等与建筑物的位置关系、穿建筑外墙管道的管径、位置等；（3）室内给水排水干管的水平、垂直通道；（4）所有用于排除地面水的地漏；（5）各楼层卫生设备和其他用水设备的连接，消防栓箱、喷头布置等

暖通专业的 BIM 模型交付物深度　　　附表 3-5

方案设计阶段模型	初步设计阶段模型	施工图设计阶段模型
暖通系统　各类专业机房（制冷机房、锅炉房、热交换站等）的设置区域、面积及净高	（1）采暖系统的散热器、采暖干管及主要系统附件的体量模型及布置；（2）通风、空调及防排烟系统主要设备的体量模型及布置，主要管道、风道所在区域和楼层的布置以及系统主要附件的体量模型及布置；（3）冷热源机房主要设备、主要管道的体量模型及布置；（4）各系统机房，包括制冷机房、锅炉房、空调机房及热交换站主要设备的体量模型及布置，主要风道及水管干管布置，以及系统主要附件的体量模型及安装位置；（5）风道井、水管井及竖向风道、立管干管的布置	（1）锅炉房设备、设备基础、主要连接管道和管道附件的简略模型及其安装位置和主要安装尺寸；（2）各层散热器的简略模型及安装位置，采暖干管及立管的位置，管道阀门、放气、泄水、固定支架、伸缩器、入口装置、减压装置、疏水器、管沟及检查孔的简略模型及其安装位置（需表示管道管径及标高）

续表

方案设计阶段模型	初步设计阶段模型	施工图设计阶段模型
通风空调系统 / 各类专业机房（制冷机房、锅炉房、热交换站等）的设置区域、面积及净高	（1）采暖系统的散热器、采暖干管及主要系统附件的体量模型及布置； （2）通风、空调及防排烟系统主要设备的体量模型及布置，主要管道、风道所在区域和楼层的布置以及系统主要附件的体量模型及布置； （3）冷热源机房主要设备、主要管道的体量模型及布置； （4）各系统机房，包括制冷机房、锅炉房、空调机房及热交换站主要设备的体量模型及布置，主要风道及水管干管布置，以及系统主要附件的体量模型及安装位置； （5）风道井、水管井及竖向风道、立管干管的布置	（1）通风、空调、制冷设备（如冷水机组、新风机组、空调器、冷热水泵、冷却水泵、通风机、消声器、水箱等）的体量模型及安装位置、尺寸； （2）连接设备的风道、管道的位置、尺寸及走向，管道附件（各种仪表、阀门、柔性短管、过滤器等）的简略模型和安装位置； （3）通风、空调、防排烟风道的位置、尺寸，主要风道的准确位置、标高及风口尺寸，各种设备及风口安装的定位尺寸和编号，消声器、调节阀、防火阀等各种部件的简略模型和安装位置； （4）风道、管道、风口、设备等与建筑梁、板柱及地面的位置尺寸关系，墙体预埋件及预留洞的位置和尺寸； （5）大型设备吊装孔及通道等的位置和尺寸

用于管线综合协调的 BIM 模型交付物深度　　附表 3-6

	模型深度	备注
建筑专业	各楼层的房间、设备间、管廊、墙体、门窗、幕墙、电梯、楼梯（爬梯）等	
结构专业	（1）柱、梁、楼板、屋顶、剪力墙等； （2）如采用了某些对管线布置影响很大的特殊结构形式，需按照真实的结构形式和尺寸仔细创建精确的模型，如：在地下室使用了板较厚的无梁楼盖，结构柱有柱帽等	模型内容应有所侧重，最重要的是结构梁，还需注意常见的结构降板等对管线综合的影响，对于不影响管线综合协调的细节和其他构件可简化处理或省略
机电专业	送风管、排风管、给水管、排水管、喷淋水管、动力桥架、照明桥架等	应按照各设备专业的施工要求分系统进行，各系统可设置不同颜色以便区分

用于建筑性能分析的 BIM 模型交付物深度　　附表 3－7

模型深度	非几何信息	备注
建筑光环境分析 日照与遮挡分析 （1）遮挡建筑物，模型：建筑主体，建筑主体分层，阳台，屋面（包括檐口、女儿墙、坡屋顶等）； （2）被遮挡建筑物模型：建筑主体，建筑主体分层，窗体分户模型； （3）即遮挡又是被遮挡建筑模型：建筑主体，建筑主体分层，窗体分户模型，阳台，屋面（包括眼睛口、女儿墙、坡屋顶等）。 室内照明分析 （1）各楼层的功能区划分和房间； （2）房间的外窗、墙、地面（楼板）、顶棚； （3）房间或分析区域内的灯具	室内照明分析：灯具的类型、数量、安装高度等	日照与遮挡分析： （1）遮挡建筑的模型要求与实际完全相符，重点是可能产生阴影的建筑构件，如女儿墙、檐口、坡屋顶、转角阳台等； （2）被遮挡建筑只需建筑外形及窗体模型，并进行窗体模型分户处理，此处可对模型进行简化处理，省略一些模型，如屋面模型、阳台模型等
建筑声环境分析 （1）各楼层的建筑整体模型； （2）各楼层的空间分隔，如内墙及隔断等； （3）各房间、区域的竖向构件，如墙、门、窗等； （4）各房间、区域的水平构件，如地面、楼板、顶棚、屋顶等； （5）建筑物的外墙及外围护结构，如外墙墙体及外围护层厚度； （6）通风空调系统的通风管道； （7）楼梯、电梯竖井等	混响时间分析：建筑构件内表面的声反射系数。 噪声隔声分析： （1）竖向构件的隔声指数； （2）竖向覆盖的改进隔声指数； （3）水平构件的隔声指数和规格化冲击声压级； （4）水平覆盖的改进隔声指数和冲击声压级衰减； （5）风管的隔声指数和规格化级差； （6）面积较大构件表面的三分之一倍频带宽吸收系数	可以省略表面积不大的梁、柱以及其他尺寸较小的构件
建筑热环境分析 （1）建筑的整体布局以及房间和空间分配模型； （2）房间和空间的边界构件，如墙、地面、楼板、顶棚、屋顶、门、窗等； （3）照明、暖通空调等建筑系统； （4）影响热工分析的其他屋宇设备或系统	（1）构件材料的热工属性、参数值； （2）照明、暖通空调等建筑系统的热工特性数据	建筑空间须完全围闭，构成空间边界的建筑构件间不允许存在缝隙

续表

模型深度	非几何信息	备注
建筑能效性能/能耗分析	（1）建筑物的总体形状、结构形式、朝向； （2）周围有遮挡关系的建筑物； （3）建筑物的外墙、幕墙及外围护； （4）建筑物的各楼层及其空间划分和空间布置； （5）各空间和房间的墙体、地面、楼板、屋顶、门、窗； （6）暖通空调通风设备	（1）建筑构件的材料信息； （2）暖通空调系统数据	（1）建筑空间须完全围闭，构成空间边界的建筑构件成空间边界的建筑构件间不允许存在缝隙； （2）墙体上不应留有空白开洞； （3）模型中无需包括吊顶； （4）模型中不应包含竖井、电梯井等竖向开洞； （5）暖通空调通风设备可不建模，但应包括所需的参数数据
建筑消防分析	（1）各楼层的功能区划分及房间布置； （2）墙、隔断、地面、楼板、天花板、屋顶等； （3）门、窗及建筑物其他开口、孔洞等； （4）建筑物外墙、外围护、保温层等； （5）各楼层的防火分区、防火卷帘门及安全出口； （6）楼梯、爬梯、电梯、坡道等	建筑构件的表面装饰材料信息	模型构件的表面饰面可不建模，但应在模型构件属性中加入饰面的材料信息
建筑人流/疏散分析	（1）建筑物整体模型； （2）建筑物内各层的功能空间划分及房间布置； （3）水平交通，如通道、走廊门厅等； （4）垂直交通，如楼梯、爬梯、电梯、坡道等； （5）建筑物内避难层、室内或室外安全区； （6）建筑物出入口		

附录四：中建东孚上海锦绣天地住宅项目 BIM 应用实施细则

"十二五"国家科技支撑计划
"城镇住宅建设 BIM 技术研究及其产业化应用示范"课题

城镇住宅建设全产业链开发模型研究及技术应用示范
BIM 实施细则

中国中建地产有限公司
创建日期：2013 – 12 – 2
当前版本：1.0

目　录

第一章　概述

《中建地产 BIM 模型细则》是一本参考性指南，是为了指导我公司项目 BIM 工作高效、准确、有序的开展而制定的；针对 BIM 开展工作中出现的一些问题加以说明，避免项目中的 BIM 应用少走弯路，逐步规范 BIM 应用。

1. 内容

本手册主要内容包含 BIM 说明书和 BIM 建模及协作流程。

1）BIM 说明书

● 它规定了各个项目团队应该在项目的"哪些"阶段，提供"哪些" BIM 可交付成果，达到"哪些"目标。所有约定好的可交付成果均在"BIM 目标和责任"表中注明，各相关方应在上面签字。

● 每个可交付成果由一组 BIM 模型构件或由模型生成的文件组成。

● 每个构件包含一组用于定义构件非几何特性的属性信息。

2）BIM 建模和协作流程

● 主要分为三个阶段：设计模型阶段、施工模型阶段和竣工模型阶段。

● 规定了"如何做"——在整个项目中创建和共享 BIM 可交付成果的措施。

● 提供了一组模型要求，用于指导项目团队在不同项目阶段创建达到正确模型深度的 BIM 成果。本文件中的模型按照建筑、结构和机电三大专业进行分类。

● 同时提供了一套协作流程，用于指导 BIM 项目团队与其他项目团队共享成果。

2. 适用范围

1）适用阶段

设计阶段 BIM 应用；

施工阶段 BIM 应用；

后期运营 BIM 应用。

2）适用工作

BIM 建模；

BIM 模型维护；

BIM 模型应用。

3）适用软件

建模软件特指 Autodesk Revit 系列软件，BIM 模型整合软件选用 Autodesk 公司的 Naviswork 软件。各专业参建单位如采用其他软件建模的，在提交模型时，必须将其他软件构建的模型转换成 ".rvt" 格式提交，补充构件信息至完整并保证该模型能够被 revit 系列及 NavisWorks 软件正确读取。

3. 若干要求内容：

1）BIM 建模时间：根据过程而定。

2）在整个项目周期内，明确规定所有模型图元的责任人。

3）了解并以书面方式明确记录哪些内容需要建模、需要详细到何种程度，避免过度建模。

4）每阶段制定清晰的《BIM 执行计划》，以确定关键的项目任务、模型要求和输出成果。

5）应定期进行 BIM 项目会审，以确保模型的完整性并维护项目工作流。

6）无论是内部还是外部协同工作，均应制定明确的指导原则，以保持电子数据的完整性。

7）在不同专业之间（或单个专业内）把模型进行拆分，以避免单个文件的大小超过 100MB。

8）应定期审查未处理的警告信息，并解决重要问题。

9）永远不得打开中心文件，只能将其复制到本地。

10）应定期重建中心文件，以清除多余的数据残留。

4. BIM 执行计划

《BIM 执行计划》是项目团队与业主等第三方之间为顺利实施 BIM 项目达成的一项协议。该计划概括了整个项目在各阶段过程中需要遵循的整体目标和实施细节。《BIM 执行计划》有利于项目团队和第三方达成一致的 BIM 说明书、模型深度和 BIM 项目流程。

《BIM 执行计划》制定后，业主和项目团队能够：

● 清楚地理解项目实施 BIM 的战略目标；

● 制定一个能实施的合理流程；

● 规定 BIM 内容、模型深度和什么时候提交模型，模型应达到什么样的目标；

● 理解他们在模型创建、维护和项目不同阶段协作中的角色和职责；

● 为整个项目过程的进度测定提供参考基础。

《BIM 执行计划》应包含如下内容：

1）工程项目信息：建筑的数量、规模、位置等；工作和进度的划分；

2）采用的 BIM 标准和软件平台；

3）项目 BIM 目标和用途；

4）确定每个 BIM 项目成员及其职责；确定项目的领导方和其他相关方，以及各方角色和职责；

5）BIM 建模流程和策略；

6）确定项目交付成果，以及要交付的格式；

7）共享坐标：为所有 BIM 数据定义通用坐标系，包括要导入的 DWG／DGN 文件需要如何设置坐标；

8）处理共享模型的协作流程和方法。如数据拆分，解决工作集、链接文件的组织等问题，以实现多专业、多用户的数据访问，对项目的阶段划分，以及明确项目 BIM 数据各部分的责任人。

9）审核/确认：确定图纸和 BIM 数据的审核/确认流程。

10）数据交换：确定交流方式，以及数据交换的频率和形式。

11）项目会审日期：确定所有团队（既包括公司内部也包括整个外部团队）共同进行 Revit 模型会审的日期。

《BIM 执行计划》在整个项目生命周期内都需要持续更新，增加新信息，满足不断变化的项目需求。如项目后期有新成员或团队加入，《BIM 执行计划》的更新需经业主同意或其指定的 BIM 经理同意。指南规定了具体项目要求，包括如何执行、监控和控制项目，生成 BIM 可交付成果，实现项目目标。附录 C 为《BIM 执行计划》模板。需要注意的是，这些模板参考国外工程为基础。用户需要正确理解这些内容，并在必要时根据当地实际情况进行适当调整。

5. 术语定义

下面是对本指导手册中术语的定义。

BIM　"建筑信息模型"（Building Information Modelling）

模型　"模型"是指 BIM 过程中生成的模型。是以工程对象为基本元素的工程项目物理和功能特性的表达，即包含工程属性数据的三维模型。它是工程项目的共享信息源，建模方法影响模型生成的信息的质量。BIM 在获取需要的项目结果和决策支持中起至关重要作用。

下面这些是与模型相关的定义：

设计模型：由设计院创建、发布，主要用于造型展示、模拟分析等，构件非几何信息粗略。此模型可做施工阶段制定施工模型的参考。

施工模型：施工方创建，对构件几何、非几何信息要求准确，模型建造过程中能发现问题，建成后能指导施工、决策参考并生成 2D 施工图纸等相关文件。

竣工模型：持续更新变更后的施工模型。

构件/族　构件是对项目中采用的实际建筑组件的物理和功能特性的数字化表达。一个构件（在 Revit 中被称为"族"）是一个可在多种场合重复使用的个体图元。例如门、楼梯、家具、幕墙面板、柱、墙等。

模型信息　是以工程对象为基本元素的工程项目物理和功能特性的表达。模型信息与模型相关联，以数据库的方式存储，并且可以被查阅、调用、修改。

模型精度　建模的详细程度，主要指模型构件的表现形式详略及其所含信息量的大小。

BIM 经理　指定的自然人或公司，通常是经验最丰富的 Revit 用户，负责在项目中制定和实施 BIM 策略并确保项目团队正确执行《BIM 执行计划》。

信息征询　通常由承包人向顾问提出，请求确认施工图纸的某个细节、规格或附注，或要求建筑师、客户确认某个书面指令，以进一步开展工作。

兼容性　通常指软件共享，几个软件之间无需复杂的转换，即能方便地共享相互间的数据，称为兼容。在 BIM 中，兼容性也指在合作公司之间或单个公司的设计、采购、施工、维护或业务处理系统中管理和交流电子文件和项目数据的能力。

BIM 应用　使用 BIM 工作方式，达成特定的成果，用以支持或完成某项工作。BIM 应用点应有明确的交付物。

BIM 交付　BIM 工作完成后交付的成果。交付物可以是纸质文档（图纸、图片、报告等）、电子文档（CAD 电子图档、BIM 模型、视频等）或服务（培训、咨询、会议等）。

价值评价　指对 BIM 工作所带来的非实物的价值资产，如效率提高、避免错误、减少浪费、确保工期等，进行定性或定量的评价。

第二章　BIM 说明书

本章定义了项目不同阶段需要什么样的 BIM 成果以及项目成员对这些交付成果承担的职责。

1. BIM 成果

应当在项目开始阶段且指定主要项目成员后商定 BIM 项目可交付成果以及交付时间，使项目成员适应项目发展。项目中可能需要提交如下模型和其他输出：

1）现场模型；

2）建筑、结构、MEP 模型；

3）协作和/或碰撞检测分析；

4）可视化方案；

5）工程量统计、成本估算；

6）模拟施工；

7）施工图；

8）竣工模型（本地专用格式或开放格式）；

9）设施管理数据；

10）其他附加增值 BIM 服务。

重要提示：由于数据的使用者可能没有访问 BIM 模型的权限，可交付成果还应包含需要从 BIM 模型中生成转换的数据，如 Naviswork 文件（仅有查看使用权限，无修改创建权限）。

2. 项目阶段和 BIM 模型深度

BIM 可交付成果的最重要方面是其信息的数量和质量。这些信息以几何和非几何属性的形式存储在每个 BIM 构件（或构件组）中，在实际应用中，建议根据当前工程项目确定 BIM 构件的属性种类。各 BIM 构件属性的建模深度取决于项目的要求，包括 BIM 可交付成果的接收方。

附表 4 -1

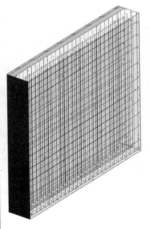

| A：投标 BIM 模型，需要构件几何信息。 | B：施工 BIM 模型，需要较详构件信息，如墙体保温层、面层构造 | C：在施工 BIM 深化阶段，需要更加详细的构件信息，如墙体混凝土型号、厂商信息，钢筋可忽略 |

按照实际工程阶段的 BIM 可交付成果举例 　附表 4−2

项目阶段	BIM 可交付成果	
	各 BIM 模型通用建模深度	举例
投标 ● 工程项目规划展示 ● 展示公司 BIM 技术	一般化的建筑构件或 MEP 系统，有大致的尺寸、形状、位置、方位和数量。可以提供非几何属性	 投标 BIM 模型
进场 ● 场地规划 ● 工、机具布置	工程建设开始阶段场地规划，如办公区、生活区、机械设施、道路交通等；工机具布置，包括具体尺寸、面积、体积、位置和方位	 场地模型
深化设计 ● 钢结构深化 ● 机电管线深化 ● 幕墙深化 ● 复杂结构深化	更详细的建筑构件或管线系统，有准确的尺寸、形状、位置、方位、数量及构件间连接方式。必须提供构件非几何属性	 钢结构模型
施工 ● 3D 可视化指导施工 ● 方案优化 ● 工序模拟 ● 预制造 ● 生成图纸	BIM 构件包含深化设计阶段对施工工程有用的所有建造和安装细节。有具体的几何尺寸和轮廓，能确定组装细节，能确定预制造，能生成施工图直接指导施工等	 详细的区段模型 BIM 模型生成的详图

续表

项目阶段	BIM 可交付成果	
	各 BIM 模型通用建模深度	举例
竣工 ● 竣工模型 ● 竣工图 ● 资源信息库	BIM 构件的建模深度与细部设计与施工阶段相似，只是持续更新了施工阶段的变更	
设施管理 ● 操作和维护	BIM 模型为实际建造的建筑组件和管线系统的虚拟，是实际竣工建筑的竣工表达，是 3D 模型和各构件属性信息的集成，为建筑物后期运营管理提供信息参考	 储水箱构件，附带 PDF 格式维护手册

3. BIM 目标 & 职责表

BIM 目标 & 职责表（附表 4 - 3）显示了每个阶段要求的基本 BIM 可交付成果。它还显示了各阶段涉及哪些项目成员，显示选定的项目成员是可交付成果的模型创建者还是模型使用者。

BIM 团队中的项目成员：

　　　　—建筑师（Arc）　　　　　　—造价师（QS）

　　　　—土木或结构工程师（Str）　—承包商（CON）

　　　　—机电工程师（MEP）　　　　—设施经理（FM）

BIM 环境中的项目成员不仅仅限于上述 6 种职业人员。可以向 BIM 目标 & 职责表中新增其他代表，如：

　　　　—供应商　　　　　　　　　—室内设计师

　　　　—专业分包商　　　　　　　—景观设计师

1）模型创建者

模型创建者是创建和维护具体建筑模型，使之达到 BIM 目

标 & 职责表中规定的建模深度的责任方。一般指项目部总承包负责组建的 BIM 团队，各专业分包参与配合。BIM 成员为各专业有现场经验施工员最佳。

2）模型使用者

模型使用者是有权使用项目模型的各方。根据模型使用者的要求和项目相关的用途，创建者提供源文件格式或通用（IFC）格式。模型创建者在将模型共享给模型使用者之前已经对模型的准确度和质量进行了检查，模型使用者只能把模型用作参考，同时也要检查、验证或确认模型的准确度。如果发现模型中存在不一致的地方，模型使用者应当立即通知模型创建者，弄清相关问题。

BIM 团队目标 & 责任　　　　附表 4 – 3

BIM 项目阶段	BIM 经理	实现项目目标涉及的项目成员 A – 模型创建者；U – 模型使用者						
		建筑	结构	机电	估算师	承包商	设施经理	其他
概念设计 建筑体量研究或其他形式的数据表达，包括指示尺寸、面积、体积、位置和方位								
1. 指定到本阶段的所有项目成员商定项目的需求、目标、流程和结果 建议可交付成果 ● 各方商定和签署的《BIM 执行计划》								
2. 为总规划场地研究和可行性分析创建 BIM 模型 建议可交付成果 ● 场地模型								
3. 在进入初步设计之前，生成、冻结和储存概念设计阶段授权的 BIM 模型最终文件								
初步设计（投标阶段） 整体的建筑构件或系统，有大致的尺寸、形状、位置、方位和数量。可以提供非几何属性								

续表

BIM 项目阶段	BIM 经理	实现项目目标涉及的项目成员 A – 模型创建者；U – 模型使用者						
		建筑	结构	机电	估算师	承包商	设施经理	其他
4. 根据 2D 图纸，创建、维护和更新 BIM 结构、建筑、MEP 模型 建议可交付成果 ● 结构模型 ● 建筑模型 ● MEP 模型								
5. 实施建筑 BIM 模型与结构 BIM 模型间的设计协调 建议可交付成果 ● 初步设计协调报告 （只适用于建筑和结构模型）								
6. 根据建筑 BIM 模型修正项目成本估算 建议可交付成果 ● 初步成本估算								
7. 在进入深化设计阶段之前，生成、冻结和储存初步设计阶段授权的 BIM 模型最终文件								
深化设计（施工阶段） 整体的建筑构件或管线系统，有准确的尺寸、形状、位置、方位和数量。必须提供非几何属性。以施工图为基础								
8. 进一步深化、维护和更新建筑、结构模型 —准备提交业主监管资料（如有） —准备用于指导施工 建议可交付成果 ● 建筑深化模型 ● 结构深化模型 ● 问题报告								

续表

BIM 项目阶段	BIM 经理	实现项目目标涉及的项目成员 A－模型创建者；U－模型使用者						
		建筑	结构	机电	估算师	承包商	设施经理	其他
9. 根据最新的建筑、结构模型，进一步深化、维护和更新 MEP 模型 —设计、分析和深化 —准备提交政府监管资料 —准备用于指导施工 建议可交付成果 ● MEP 深化模型 ● 问题报告与方案优化								
10. 根据机电深化模型，进行机电成本估算								
11. 实施建筑模型、结构模型和 MEP 模型间的设计协调（在施工前） —找出碰撞和相互干扰的构件 —确认用于施工作业和维护检修的工作空间和净空 —解决碰撞冲突 建议可交付成果 ● 碰撞检测和解决方案报告（建筑、结构和 MEP 模型） ● 工作空间和净空报告								
12. 根据 BIM 模型生成详细的成本估算和材料、工程量清单 —准备用于材料计划和成本估算 建议可交付成果 ● 详细成本估算 & 工程量清单								
13. 在进入施工阶段之前，生成、冻结和储存深化设计阶段授权的 BIM 模型最终文件								
施工 BIM 构件包含深化设计阶段对施工工程有用的所有制造和组装细节。这些细节可以表现在模型生成的 2D CAD 图纸中，达到深化设计阶段的深度要求 注：此阶段的 BIM 模型所有权仅属于承包商								

续表

BIM 项目阶段	BIM 经理	实现项目目标涉及的项目成员 A－模型创建者；U－模型使用者						
		建筑	结构	机电	估算师	承包商	设施经理	其他
14. 承包商维护并持续更新深化设计 BIM 模型，将其发展成为实际施工 BIM 模型。业主应明确实际施工 BIM 模型的建模要求								
15. 从建筑、结构和 MEP 模型生成施工模型；施工模型可分阶段生成 建议可交付成果 ● 协调完了的建筑施工模型								
16. 从 BIM 数据库中生成材料、面积和数量一览表，供承包人参考 建议可交付成果 ● 材料、面积和数量一览表								
17. 分包商和专业分包商根据施工模型生成文件 建议可交付成果 ● 施工图 ● 预制造构件模型和图纸 ● 管线综合图 ● 设备机房专业图								
18. 在进入设施管理阶段之前，生成、冻结和储存施工阶段授权的 BIM 模型的最终文件								
竣工 BIM 构件的建模深度与深化设计阶段相似，但在施工阶段中因变更进行了持续更新								
19. 承包商准备最终的竣工 BIM 模型。该模型反映了在建筑、结构、机电 BIM 模型施工阶段的修改，是提交给顾问之前进行施工验证（如激光扫描或第三方认证等）后的最终形式。顾问确认承包人的更新是否合理 建议可交付成果 ● 各专业的最终竣工模型，附带必要的第三方认证								

续表

BIM 项目阶段	BIM 经理	实现项目目标涉及的项目成员 A－模型创建者；U－模型使用者						
		建筑	结构	机电	估算师	承包商	设施经理	其他
设施管理 BIM 构件被建模为实际建造的建筑构件或系统，是建筑的实际竣工模型								
20. 将主要系统和设备的产品信息纳入 BIM 模型构件中，供设施经理使用 建议可交付成果 ● 供设施管理、业主在使用期间进行的建筑维护和修改的最终竣工模型								

4. 其他附加增值 BIM 服务

由于项目的要求不同，在 BIM 目标 & 职责中的某些 BIM 服务可能需要提前到项目的前期阶段进行。应当认识到：由于项目前期阶段可用数据还不足，这可能会增加前期模型创建者的工作量。

分析举例：

● 环境模拟和分析（只用于概念设计目的）

● 能耗分析

● 灯光设计模拟和可视化

● 4D 施工计划和施工模拟（适用于设计和建造项目）

● 基于 BIM 模型的绿色标准、可建性和可施工性分析

● 基于 BIM 模型的既有建筑供总规划场地研究和可行性分析

● 基于概念体量模型提供结构和 MEP 系统方案对比

● 基于概念体量模型的项目成本估算

● 基于机电 BIM 模型的机电成本估算

● 方案/初步设计阶段建筑、结构和机电 BIM 模型间的碰撞检测

● BIM 文件的高分辨率激光扫描

- 设施管理安排

第三章　项目准备阶段

根据建设单位或施工管理的需要，在工程项目中利用 BIM 技术来提高项目的管理水平。在使用 BIM 技术前，需要完成一系列的准备工作。

1. 工作流程

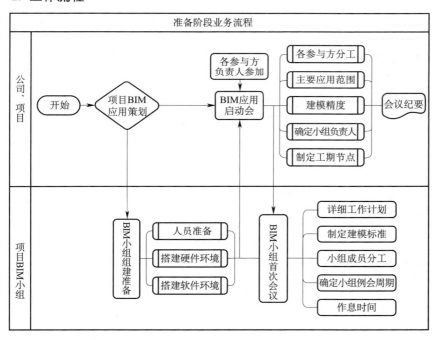

序号	活动的名称	活动的详细描述	部门/岗位	文档输出
1	BIM 应用策划	确定项目应用目标、范围和主要内容	公司、项目	应用策划
2	BIM 应用启动会	确定组织和目标，计划节点，熟悉场地环境等	公司、项目	会议纪要
3	BIM 小组人员准备	根据项目的规模安排各参与单位的人员	公司、项目	小组人员名单
4	搭建硬件环境	工作站（计算机）、网络和通信环境的搭建	公司、项目	计算机编号文档
5	搭建软件环境	统一建模各软件的种类和版本，并确定所用的读图软件	公司、项目	
6	BIM 小组首次会议	确定小组成员的分工、责任、详细工作计划等	BIM 小组成员	工作文档

2. 详细说明

1）组织和目标：

（1）组建 BIM 团队

a. 确定 BIM 小组成员

根据项目规模和建模工期，确定各专业参与人员数量。土建建模人员建议不少于 2 人；安装人员水、电和通风各专业不少于一人；钢结构如有我公司建模，建模人员建议不少于两人，如由钢结构专业分包单位建模，其模型交付品需转换成我公司建模软件可读取的格式。

b. 确定 BIM 小组负责人

BIM 小组负责人选需具有一定的组织管理能力；有施工经验，熟悉项目各专业知识；有参与团队建模的经历。

（2）确定 BIM 技术的应用目标和范围

a. 业主方的要求；

b. 施工管理的要求：

c. 确定范围：如全部工程、总包工程、自有施工范围。

d. 确定模型的详细等级（LOD-Level of Detail）。模型详细等级共分 5 级。

等级	描　述	
100	概念性	Conceptual
200	近似几何	Approximate geometry
300	精确几何	Precise geometry
400	加工制造	Fabrication
500	建成竣工	As-built

e. 确定模型包含信息内容

模型信息是 BIM 模型中建筑构件所具有的工程属性。模型信息与模型相关联，以数据库的方式存储，并且可以被查阅、调用、修改。模型信息包括的内容如下表。

信息分类	几何信息	技术信息	产品信息	施工信息	维保信息
信息内容	模型实体尺寸、形状、位置、颜色等	材料和材质信息、技术参数等	供应商、产品合格证、生产厂家、生产日期、价格等	施工段归属、施工日期、施工单位等	使用年限、保修年限、维保频率、维保单位等

（3）确定同设计方、业主的沟通、审批方式：

a. 如有规定，按项目部和公司的有关规定执行；

b. 如无规定，可以按以下步骤执行：

BIM 小组向项目技术部门出具工程技术联系单，经监理工程师审查同意后，交业主代表复查，然后递交给设计单位办理。

设计单位签发设计变更技术联系单，项目技术部门对联系单审核备案后转交 BIM 小组，BIM 小组依据联系单对模型进行修改。

2）BIM 小组的工作管理及岗位职责：

（1）编制管理制度、工作计划等文件，主要包括人员的分工、具体的沟通方式、考核机制、奖惩办法等。

（2）工作计划的管理

a. 工期的管理：总工期计划、各节点计划；

b. 模型的管理方法：包括中心文件和链接文件；

c. 任务的分解：制定小组成员的具体任务和完成节点时间。

（3）例会制度

根据项目情况，确定例会参与人员和召开周期。例会主要内容为向各相关单位通报 BIM 项目进行情况、需要协调解决的问题、检查各参与方模型建立进度和应用情况。

（4）小组人员的分工：确定解决设计问题的管理员、族管理员，并确定各专业的负责人；向各相关单位发放人员分工表和成员联系方式；

（5）岗位职责

a. 小组负责人

①确保按时、优质的完成项目目标；②同各个参与方保持联系并及时调整工作；③制定项目文档，合理分配工作；④定期召集会议，跟踪项目的进度，协调全体成员的工作；⑤项目总结。

　　b. 设计问题的管理员

　　①收集、整理工作中发现的设计问题；②同设计方进行沟通、交流；③分发设计方反馈的设计问题解决方案；④对设计问题进行汇总报告。

　　c. 族管理员

　　①负责对新增加的族进行命名；②负责新增加族的创建或委托创建；③负责新增加族的发布和更新通知；④负责新增加族的汇总。

　　d. 各专业负责人

　　①负责本专业的 BIM 工作；②合理安排本专业成员的工作，配合其他专业进行工作。③对实际遇到的复杂问题提出建议并予以解决；④对本专业的模型进行汇总。

3. 硬件环境

　　计算机配置：用于建模的 AutoDesk Revit 系列软件对计算机的硬件配置要求较高，为流程运行软件，提高工作效率，建议使用专业图形工作站。

4. 软件环境

　　（1）操作系统：确保操作系统能够发挥软件和硬件的最优性能，操作系统宜选择 64 位 Windows 7 专业版或旗舰版。

　　（2）用于描述施工图的软件：AutoDesk CAD（2010 或以上版本）、天正建筑、天正结构、天正电气、天正暖通、天正给排水及 PDF 文件查看文件。

　　（3）BIM 建模软件：统一小组成员所使用的建模软件及其版本。

　　（4）BIM 模拟软件：确定所使用的 BIM 模拟软件的种类，如NavisWorks、3DS MAX、FLASH 3D 等。

　　（5）创建共享文件夹：在主工作站上建立共享文件夹，便于工作文档的分享和提交，减少纸质文档，实现无纸化办公、绿色办公。

5. 熟悉工程工作

　　（1）建模软件的熟悉：根据小组成员对建模软件的使用情况，由组长或指定人员带领大家温习建模软件的工作环境，必要时进行建模前短期培训。

　　（2）熟悉施工图：工程项目人员对工程现状进行介绍，主要涉及施工图纸、设计变更和图纸会审的介绍，使小组成员对工程现状、施工图纸有一定的了解。

（3）施工组织设计的解读：请工程项目人员对《施工组织设计》进行讲解，重点涉及施工进度计划、施工段的划分、施工流水顺序和步骤、现场布置等方面的内容。

（4）对电子图纸和施工图纸进行核对：重点在于熟悉二者之间的差异，确保建模的准确性。

（5）深化设计平台的熟悉

a. 基于 BIM 技术的深化设计平台：

熟悉该平台与其他专业模型的整合、链接和碰撞检测的操作。

b. 基于非 BIM 技术的深化设计平台：

如果采用基于非 BIM 技术的深化设计平台进行工作，需要制定模型转换为 BIM 软件可读取格式的方案，并进行测试，确保该深化设计模型可以使用。

第四章　模型自动建模阶段

工程总承包单位 BIM 模型为自主建模形式。模型是信息的载体之一，模型质量的高低，决定了模型生成的信息的准确性。为规范 BIM 模型建立、应用及交付工作流程，明确项目 BIM 工作团队的相应职责，特制订以下 BIM 建模规划规定、BIM 建模工作流程及 BIM 应用点工作流程。

1. BIM 模型规划规定

1）单位和坐标

（1）项目单位为毫米。

（2）使用相对标高，±0.000 即为坐标原点 Z 轴坐标点

（3）为所有 BIM 数据定义通用坐标系。正确建立"正北"和"项目北"之间的关系

2）模型依据

（1）以提资图纸为数据来源进行建模

a. 图纸等设计文件

b. 总进度计划

c. 当地规范和标准

d. 其他特定要求

（2）根据设计变更为数据来源进行模型更新

a. 设计变更单、变更图纸等变更文件

b. 当地规范和标准

c. 其他特定要求

3）模型拆分规定

模型拆分原则：

（1）建筑专业

a. 按建筑分区

b. 按楼号

c. 按施工缝

d. 按单个楼层或一组楼层

e. 按建筑构件，如外墙、屋顶、楼梯、楼板

（2）结构专业

a. 按分区

b. 按楼号

c. 按施工缝

d. 按单个楼层或一组楼层

e. 按建筑构件，如外墙、屋顶、楼梯、楼板

（3）暖通专业、电气专业、给排水专业及其他设备专业

a. 按分区

b. 按楼号

c. 按施工缝

d. 按单个楼层或一组楼层

e. 按系统、子系统

4）模型色彩规定

管道名称	RGB	管道名称	RGB	管道名称	RGB
冷热水供水管	255，153，0	消火栓管	255，0，0	强电桥架	255，0，255
冷热水回水管		自动喷水灭火系统	0，153，255	弱电桥架	0，255，255

续表

管道名称	RGB	管道名称	RGB	管道名称	RGB
冷冻水供水管	0，255，255	生活给水管	0，255，0	消防桥架	255，0，0
冷冻水回水管		热水给水管	128，0，0	厨房排油烟	153，51，51
冷却水供水管	102，153，255	污水–重力	153，153，0	排烟	128，128，0
冷却水回水管		污水–压力	0，128，128	排风	255，153，0
热水供水管	255，0，255	重力–废水	153，51，51	新风	0，255，0
热水回水管		压力–废水	102，153，255	正压送风	0，0，255
冷凝水管	0，0，255	雨水管	255，255，0	空调回风	255，153，255
冷媒管	102，0，255	通气管	51，0，51	空调送风	102，153，255
空调补水管	0，153，50	窗玻璃冷却水幕	255，124，128	送风/补风	0，153，255
膨胀水管	51，153，153	柴油机供油管	255，0，255		
软化水管	0，128，128	柴油机回油管	102，0，255		

色彩参照（由于颜色显示在各种环境下有较大差异，此色彩仅做参考，执行应按上述 RGB 数字标准执行，彩图见文末插页）

5）文件夹结构

核心文件夹结构：标准模板、图框、族和项目手册等通用数据保存在中央服务器中，并实施严格的访问权限管理。

▢BIM ADMIN	
▢Families	（族文件）
▢Standards	（标准文档）
▢Templates	（样板文件）
▢Titleblocks	（图框文件）

6）文件命名规定

所有模型文件的命名均依照下列标准：

项目简称_ （施工）阶段_ 专业_ 区块/系统_ 楼层_ 日期. 后缀

例：XX 项目_ DD_ M_ HEAT_ B1_ 2011. 6. 13. rvt

括号内可根据模型的级别、叠加程度等为可选项；

2. BIM 工作流程

1）管理模式

总（分）包方可结合本手册要求，对项目进行 BIM 过程管理和操作，最终交付数字化楼宇——建筑信息模型。

2）BIM 工作流程

工程项目 BIM 总体工作流程，如附图 4 - 1 所示。项目各分部分项 BIM 应用点的工作流程，如附图 4 - 3 至附图 4 - 12 所示。

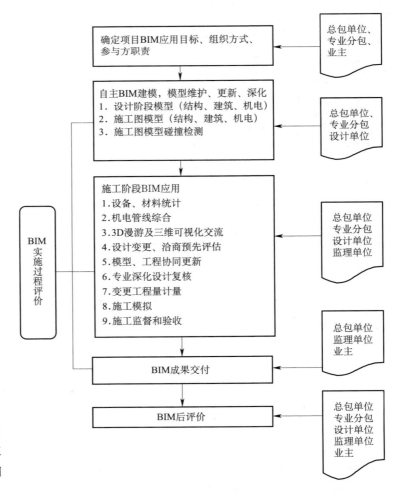

附图 4 - 1
工程项目
BIM 实施工
作总流程图

（1）BIM 建模流程

a. 单专业建模流程

此阶段为单专业建模阶段，即土建与机电是分开建模，互不影响。此时模型文件应当是由每个小组根据自己工作任务或区域分别创建，并且仅包含本方负责的信息。

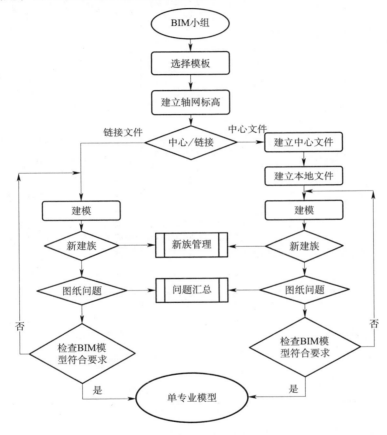

附图 4-2 单专业自主建模工作流程（结构、建筑和机电）

单专业自主建模业务流程说明　　附表 4-4

序号	活动名称	活动详细描述	责任人/岗位	文档输出	备注
1	选择模板	根据不同专业选择对应 Revit 模板新建项目文件	BIM 组长		
2	建立标高、轴网	标高、轴网均根据 2D 图纸1：1比例创建。同一个项目，轴网要保证唯一性，标高有结构标高和建筑标高之分。无特别说明，机电建模参照建筑标高	BIM 组长	轴网标高文件	输出文件内不含其他任何模型，要单独保存

续表

序号	活动名称	活动详细描述	责任人/岗位	文档输出	备注
3	确定协作方式：中心文件/链接文件	BIM 小组建模前需确定。一般小项目，各专业常规建模，链接方式协作；大项目，各专业内通过中心文件协同建模，专业间通过链接方式协作。多个模型链接到一起时，应采用"原点对原点"的插入机制	BIM 组长		还需参考硬件配置。机器配置低，建议链接方式协作，反之则可建立中心文件
4	建立中心文件	如果需要，则建立中心文件。中心文件需通过网络邻居路径保存到主机，便于组员共享	BIM 组长	中心文件	中心文件保存后不可更改路径
5	建立本地文件	BIM 组员通过网络路径打开中心文件另存副本文件到本机，即建立本地文件。	各 BIM 组员	各用户本地文件	
6	建模	根据施工图纸建立 BIM 模型。建模工作在本地文件上完成，与中心文件同步即可与其他组员协同。	各 BIM 组成员	模型文件	
7	是否建立新族	族库没有的新构件需新建族，交由族库管理员处理	BIM 组族库管理员	族文件	
8	是否有图纸问题	若是，汇集到图纸问题管理员处理	BIM 组图纸问题管理员	图纸问题报告	
9	是否完成	检查是否完成	各 BIM 组成员	BIM 模型	

BIM 建模管控要点

在满足 LOD 标准要求（详见附录）和模型规划要求的前提下，在建模过程中应着重注意以下几点：

● 轴网与标高：同一个项目，轴网要保证唯一性，标高有结构标高和建筑标高之分。无特别说明，机电建模参照建筑标高。多单体项目，各单体建筑轴网文件要根据总平面图布置，以便后期项目所有单体 BIM 模型整合。

● 建筑专业建模：要求楼梯间、电梯间、管井、楼梯、配电间、空调机房、泵房、换热站管廊尺寸、顶棚高度等定位须准确。

- 结构专业建模：要求梁、板、柱的截面尺寸与定位尺寸须与图纸一致；管廊内梁底标高需要与设计要求一致，如遇到管线穿梁需要设计方给出详细的配筋图，BIM 做出管线穿梁的节点。

- 水专业建模要求：各系统的命名须与图纸保持一致；一些需要增加坡度的水管须按图纸要求建出坡度；系统中的各类阀门须按图纸中的位置加入；有保温层的管线，须建出保温层。

- 暖通专业建模要求：要求各系统的命名须与图纸一致；影响管线综合的一些设备、末端须按图纸要求建出，例如风机盘管、风口等；暖通水系统建模要求同水专业建模要求一致；有保温层的管线，须建出保温层。

- 电气专业：要求各系统名称须与图纸一致。

b. 多专业模型协调

各专业在创建各自的单专业模型时，项目成员应当与其他项目成员定期共享模型，相互参考。在特定的重要阶段里，应当对不同专业的模型进行协调，让相关人员提前解决可能存在的碰撞，防止在施工阶段出现返工和耽误工期。

根据"项目 BIM 执行计划"要求，当共享数据有变更时，应及时通过工程图发布、变更记录或其他适当的通知方式（如电子邮件）传达给项目团队。应当记录、管理协调过程中发现的不一致，包括冲突位置和建议的解决方案，并通过协调报告与相应模型创建者进行沟通。协调过程中发现的问题解决完后，建议冻结一份修正后的模型版本。

下图为 BIM 共享协作应用的形象说明：

- 文件链接

通过"链接"机制，用户可以在模型中引用更多的几何图形和数据作为外部参照。链接的数据可以是项目的其他部分（有时整个项目太大，无法放到单一文件中管理），也可以是来自另一专业团队或外部公司的数据。

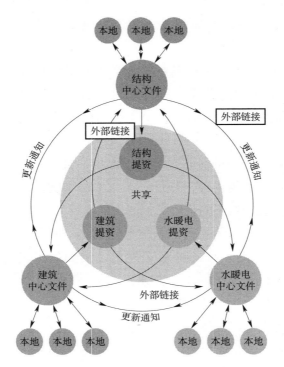

- 工作集

借助"工作集"机制，多个用户可以通过一个"中心"文件和多个同步的"本地"副本，同时处理一个模型文件。若合理使用，工作集机制可大幅提高大型、多用户项目的效率。

应以合适的方式建立工作集，并把每个图元指定到工作集。可以逐个指定，也可以按照类别、位置、任务分配等属性进行批量指定。

BIM 经理应决定如何将模型细分为工作集，应将项目细分为足够多的工作集，以避免工作过程中发生"塞车"。这一点也有助于对模型效率进行充分的控制。

BIM 经理管理借用权限和工作集所有权。

所有团队成员应每隔一小时"保存到中心"，以防死机时未保存工作量。

（2）成果输出与归档

最终完善的 BIM 模型，可以生成图纸指导施工，包括平、立、剖及大洋图等。

模型文件应与经过校审的二维设计图文件一起发布，以便最大限度地降低沟通中的错误风险。在设计内容被修改之后，仅重新发布那些有必要修订的图纸。

一旦根据公司的质量规程对二维 DWF 或 PDF 格式的图纸进行了正式的审批，应将其保存在文件夹结构的出版区域中。所有 BIM 输出数据的存档都应保存在项目文件夹的"归档"区域中，其中包括发布、修改和"竣工"的工程图和数据。

此外，在设计流程的每个关键阶段，都应当把 BIM 数据的完整版本和相关的图纸交付材料复制到一个归档位置进行保存。归档的数据应存放在合理清晰地标明归档状态的文件夹中，例如：09 – 12 – 11 Stage D Design。

项目 BIM 建模流程总结：

前期建模阶段

- 建模前制定一个 BIM 执行计划。
- 在建模阶段，BIM 团队建立建筑、结构和机电模型。
- 将 BIM 模型集成到一个用于协调和冲突检测的综合模型中协同。

施工阶段

- 设计、施工、BIM 团队召开施工协调会议。会议上承包方与设计方审阅、协调模型，解决冲突。
- 所有冲突解决后，可以生成施工文件，或从模型中生成的图纸发布给主承包方，供参考。
- 主承包人根据施工和制造要求以及分包人的所有批准图纸完善模型。

如附图 4 – 4 所示。

3. BIM 应用点的工作流程

1）碰撞检测

施工图模型所包括的内容为建筑、结构、机电专业的模型，以主设计单位所提交的提资施工图为准。基于施工图模型内的所有内容，进行碰撞检测服务，通过三维方式发现图纸中的错漏碰缺与专业间的冲突。

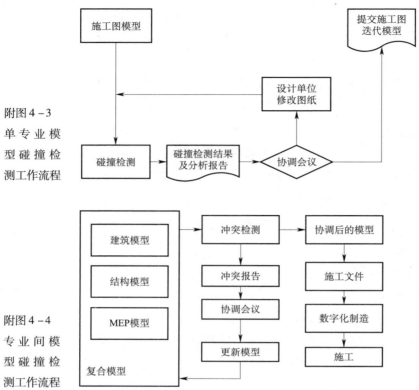

附图 4 – 3 单专业模型碰撞检测工作流程

附图 4 – 4 专业间模型碰撞检测工作流程

2）机电管线综合

基于上述终版施工图和施工图模型，对复杂空间（包括地下空间、机房、走廊）进行机电管线综合，完成管道综合图和结构留洞图。

结构留洞图出图标准依据国家规范，且能充分说明结构留洞要求。

管线综合管控要点：

• 管线综合应在施工图阶段和施工专业深化阶段各完成一次。

• 施工图阶段管线综合过程中，设计单位、总承包单位应密切协作，以共同使用 BIM 模型的工作方式进行。设计单位应根据最终 BIM 模型所反映的三维情况，调整二维图纸。

• 施工专业深化阶段 BIM 管线综合应在设计阶段成果的基础上进行，并加入相关专业深化的管线模型，对有矛盾的部位进行优化和调整。专业深化设计单位应根据最终深化 BIM 模型所反映的三维情况，调整二维图纸。

● 管线综合过程中，如发现某一系统普遍存在影响合理管线综合，应提交设计单位做全系统设计复查。

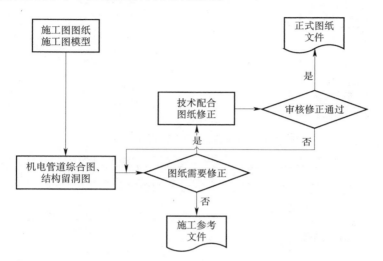

附图 4-5
机电管线综合工作流程

3）模型的协同更新

施工图模型在施工阶段，应依据工程变更文件和图纸、专业深化设计文件和图纸，进行同步更新；同时，应随着工程的实际进展，完善模型中在施工图模型中尚未精确完善的信息。更新频率应根据工作实际情况进行调整，以保证模型在使用时为更新后的最新模型。

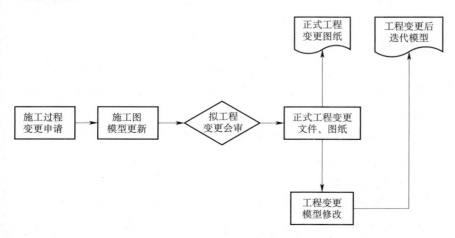

附图 4-6
模型的协同更新工作流程

4）设备、材料统计

基于上述终版施工图和施工图模型，完成模型内各专业设备及材料统计。

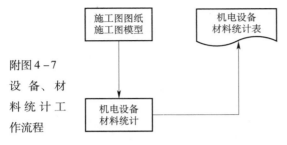

附图 4-7
设备、材
料统计工
作流程

5）变更工程量计量

依照前述"模型的协同更新"，在设计变更、洽商事前和事后，对所涉及的工程量变更进行计量。

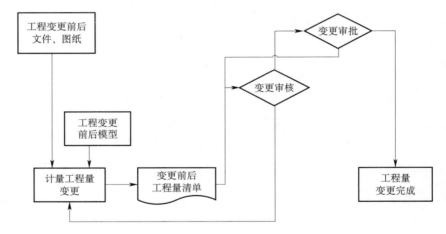

附图 4-8
变更工程
量计量工
作流程

6）专业深化设计模型及复核

将专业深化设计进行建模，通过与施工图模型迭代整合的方式进行复核，以三维方式发现专业深化设计中的错漏碰缺与专业间的冲突。

7）3D 漫游及三维可视化交流

基于施工图模型，可进行三维可视化。

8）施工模拟

对于施工的重点难点，根据工程需要，使用 BIM 模型予以详细深化模拟展示。施工模拟主要分为施工进度模拟、施工工艺模

拟、施工组织模拟

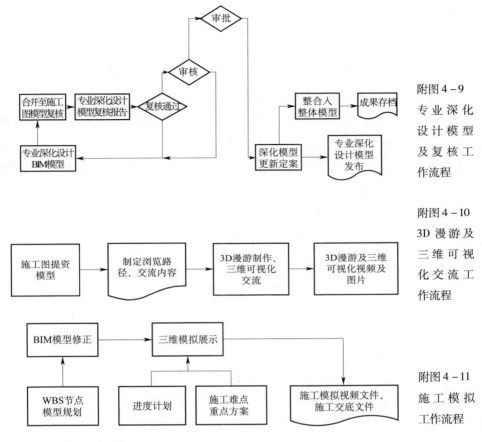

附图 4-9 专业深化设计模型及复核工作流程

附图 4-10 3D 漫游及三维可视化交流工作流程

附图 4-11 施工模拟工作流程

9）施工监督与验收

利用 BIM 模型结合专业能力，对施工单位进行施工监督、验收辅助等。

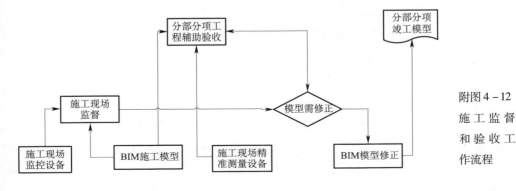

附图 4-12 施工监督和验收工作流程

第五章　应用阶段

1. 应用阶段—模型交付品

　　1）基于 BIM 技术的施工计划

　　建筑施工是一个高度动态的过程。随着建筑工程规模不断扩大，施工项目管理变得极为复杂。然而，当前建筑工程项目管理却相对落后，传统的方法用横道图表示进度计划，用直方图表示资源计划，无法清晰描述施工进度以及各种复杂关系，难以准确表达工程施工的动态变化过程，更不能动态地优化分配所需要的各种资源和施工场地。

　　基于 BIM 的施工计划主要包括如下内容：

　　（1）工程项目的总体立面布置图；

　　（2）时间栏信息；

　　（3）任务栏信息；

　　（4）形象图形信息；

　　（5）标注名称；

　　（6）工作周期。

　　2）对建筑物进行漫游

　　基于 BIM 模型制作出虚拟的建筑环境，其主要功能是：

　　（1）对楼盘外观、室内结构、小区环境、生活配套设施、物业管理等未来建成的生活场景进行提前演绎和展示；

　　（2）对室内外空间进行设计规划，并诠释设计方案。

　　基于 BIM 模型制作出虚拟的建筑环境主要包括如下内容：

　　（1）建筑物的地理位置；

　　（2）建筑物的外观；

　　（3）建筑物的内部装修；

　　（4）园林景观；

　　（5）配套设施；

　　自然现象如风、雨、雷鸣、日出日落、阴晴月缺等。

　　上述信息将动态地存储、显示在建筑环境中，并可以进行任意角度地浏览。

3）施工现场的管理

依据施工方案和施工进度的要求，同时结合建筑物的 BIM 模型，能够对施工现场的道路交通、材料仓库、附属企业、临时房屋、临时水电管线等场所和设施作出合理的规划布置，从而正确处理全工地在施工期间所需的各项设施和永久建筑、拟建工程之间的空间关系。

基于 BIM 模型的施工现场管理主要包括如下内容：

（1）施工用地的范围信息，施工用的各种道路；

（2）加工厂、制备站及相关机械的位置；

（3）各种建筑材料、半成品、构件的仓库和生产工艺设备的主要堆场以及取土、弃土的位置；

（4）行政管理房、宿舍、文化生活福利建筑等；

（5）水源、电源、变压器的位置，临时给排水管线和供电、动力设施；

（6）机械站、车库的位置；

（7）一切安全、消防设施位置。

使用 BIM 模型，可以在一定程度上解决施工现场的场地布置和场地平面空间的利用等问题，为施工企业提供了一种新的施工现场管理方法和手段。

4）施工模拟

基于 BIM 模型的施工模拟以表现工程施工的整个流程为主，因此具有很强的针对性和说明性。

（1）施工方案模拟

基于 BIM 模型的施工方案模拟主要包括如下三方面的内容：

a. 施工环境的 4D 模拟

基于建筑施工的 BIM 模型，对建筑构件赋予材质属性，并在材料上设置贴图、透明度、光照等属性信息，进而建立出具有真实感的三维建筑模型。同时，结合光源、阴影、场景等图形技术，构建出一个建筑施工的虚拟环境。

b. 施工过程的 4D 模拟

基于建筑施工的 BIM 模型，结合计算机图形技术、动画技术，对施工过程中的建筑结构、施工工序等随进度的变化状况进行动态、虚拟地模拟，并在施工模拟过程中进行实时的人机交互，实现施工计划的实时调整。

　　c. 施工方案的优化

　　通过 4D 的施工过程模拟技术，可以依据不同的时间间隔对施工进度进行正序或逆序的模拟。在此基础上，管理人员可以直观地观察到不同时段的工程结构的施工进展和某一施工段或结构构件的详细施工状况，由此可以对多种施工方案的可实施性进行比较，进而为施工方法的优化提供支持。

　　（2）逃生路线的模拟

　　逃生路线模拟主要用于对大型建筑物内人群的疏散情况进行分析和模拟。首先建立起建筑物的 BIM 模型，随后将 BIM 模型导入专业的逃生分析软件中，通过对各类不同人群的逃生能力进行设置，模拟整个建筑物在紧急情况下的人流疏散情况。此外，还可以对预先设置的各种疏散方案进行遍历模拟，通过模拟结果对各种疏散方案进行优化，进而得到最佳的疏散方案。

　　逃生路线的模拟中最为关键的问题是 BIM 模型和逃生分析软件之间的数据对接。这里，我们以下述两款软件为例，进行说明：

　　a. IES（Integrated Environmental Solutions），这是一款用于建筑性能模拟和分析的软件，它整合了一系列用于计算和分析的模块化组件。其中的 Simulex 疏散分析工具，可以模拟正常和紧急情况下的人流疏散行为。

　　b. 同时，IES 可以读取 BIM 软件的输出结果，如 Revit 输出的 gbXML（绿色建筑扩展标记语言）模型等，从而实现了与 BIM 数据之间的无缝链接，增强了建筑性能分析与建筑设计之间的关联性。

　　c. Pathfinder，这是美国 Thunderhead engineering 公司研发的一种新型的人员紧急疏散逃生评估系统。Pathfinder 具有简单、直观、智能、易于使用的特点。它利用计算机图形仿真技术，对群体中的个体运动信息进行图形化的虚拟演练，从而可以确定每一个个体在灾难发生时的最佳逃生路径和逃生时间。同时，Path-finder 同 BIM 模型之间可以通过 DXF 格式进行数据对接。

（3）运输电梯模拟

a. 将 BIM 模型与 IES 软件中的 Simulex 组件相结合。

对高峰时期（临近上下班的时刻、午间休息期间）平台楼梯和电梯的使用耗时进行对比。将 IES 软件中的疏散模拟转换为对步行的评测，即比较电梯的最长时间和步行时间的比值，而这些数据可作为高峰时段电梯运营管理的依据。

b. 将 BIM 模型与 IES 软件中的 Lisi 组件相结合。

Lisi：是 IES 软件中的电梯分析组件，能够对电梯的运营管理进行模拟和分析。

如前所述，IES 可以读取 BIM 软件的输出结果，如 Revit 输出的 gbXML（绿色建筑扩展标记语言）模型等，从而实现了与 BIM 数据之间的无缝链接，增强了建筑性能分析与建筑设计之间的关联性。

5）危险源的标示

基于 BIM 模型对施工现场的危险源进行标识，可以从建筑物空间结构的角度对潜在危险源的认识提供客观真实的依据，具有明显的现实性和经济性。

基于 BIM 模型的危险源的标识主要包括如下内容：

种类	内容
设备、设施缺陷	强度不够、运动件的外露、密封不良
防护缺陷	无防护、防护不当或者距离不够
电危害	带电部位裸露、静电、雷电、电火花
运动物危害	固体抛射、液体飞溅、坠落物
明火危害	
能够造成灼伤的高温物质	熟料、水泥、蒸汽、烟气
标志缺陷	禁止作业标志、危险性标志、禁火标志的缺失
其他物理性的危险和危害因素	对洞口、临边的标识，提前防护

2. 应用阶段—信息交付品

1）设计问题的清单：

基于 BIM 模型，能够快速、直观地发现设计图纸中的多种错误。

（1）与标高有关的错误（例如图纸中的标高冲突问题）；

（2）与尺寸有关的错误；

（3）与位置有关的错误（例如某一构件跨越了不同的防火分区）；

（4）与空间布局、管线走向有关的错误（如建筑、结构、水、暖、电等各个专业之间的错、漏、碰、缺的排查）；

（5）从施工的角度出发，检查是否存在着施工难度大甚至是无法施工的结构节点（例如坡屋面与平屋面的交汇处、于梁的交叉施工有关的情形等）。

2）工程量清单：

基于 BIM 模型可以对如下的工程量进行统计和汇总：

（1）构件表：对任意构件的名称、数量、几何特征、材质等项目进行统计，还可以按构件、楼层及明细进行统计。

（2）面积表：对每层的建筑面积、层高以及整个工程的建筑面积进行统计。并且可以按照地上部分、地下部分对相应的工程量进行汇总和显示。

（3）对土建工程量（如门窗等）进行统计。

（4）对安装中的工程量进行统计。

3）复杂结构的放大样图。

第六章　附录

1. 命名规则

1）项目信息

（1）项目编号：应与中建八局 ERP 系统同一工程项目的编码一致；

（2）项目名称：应与中建八局 ERP 系统同一工程项目的短名称一致。

2）文件夹结构

（1）核心文件夹结构

标准模板、图框、族和项目手册等通用数据保存在中央服务器中，并实施严格的访问权限管理。

📁 BIM ADMIN	
📁 Families	（族文件）
📁 Standards	（标准文档）
📁 Templates	（样板文件）
📁 Titleblocks	（图框文件）

项目文件夹结构

a. 服务器端

项目名称/	📁 BIM	
	📁 ARC	
	📁 STR	
	📁 MEP	
	📁 ARC	
	📁 Archive	（临时文件或备份文件）
	📁	（为本项目服务的族文件）
	< YYMMDD – Desc >	（Revit 模型文件）
	📁 Library	（完成图纸）
	📁 Model	
	📁 Publish	
	📁 Background	
	📁 Review	（CAD 参考文件）
	📁 Reference	（模型临时文件）
	📁 Rendering	
	📁 Support	
	📁 Work	

b. 本地客户端

D：/BIM Project	📁 Project Name	
	📁 Archive	（临时文件或备份文件）
	📁	（Revit 模型文件）
	< YYMMDD – Desc >	（完成图纸）
	📁 Model	
	📁 Publish	
	📁 Background	
	📁 Review	
	📁 Reference	（CAD 参考文件）
	📁 Rendering	（模型临时文件）
	📁 Support	
	📁 Work	

（2）族库文件夹结构

3）工作集命名：

首字母用国家建筑标准设计的代号，不同的专业有不同的代号。建筑专业的代号为 J、结构为 G、给水排水为 S、暖通为 K、动力为 R、弱电为 X、人防为 F。其后面为施工图建筑总图上标出各个区块的名称。

2. 构件／族库

2.1　族和族类型的命名规则

1）通用族和族类型的命名规则：

（1）通用族的命名规则

①在两个短语之间使用连字符"－"，连字符的两侧各留一个空格。但是在指示尺寸区间时，连字符的两侧不能留空格。不能在族名字中出现下划线"＿"。

例：

（√）螺纹连接多功能直线型阀 – 1.5 – 2.5 Inch. rfa

（×）螺纹连接多功能直线型阀 – 1.5 – 2.5 Inch. rfa

（×）螺纹连接多功能直线型阀 – 1.5 – 2.5 Inch. rfa

②除"mm"（millimeter），其他的单位名称都必须是英文字母，且以大写字母开头。单位名称必须是单数名词，且数字和单位名称之间必须插入一个空格。

例：

（√）旋塞阀 – 0.5 – 2 Inch. rfa

（×）旋塞阀 – 0.5 – 2 inch. rfa

（×）旋塞阀 – 0.5 – 2 Inches. rfa

（×）旋塞阀 – 0.5 Inch – 2 Inch. rfa

（√）螺纹连接吸引式扩散器 – 50 – 75 mm. rfa

（×）螺纹连接吸引式扩散器 – 50 – 75 MM. rfa

③数字和单位名称之间必须留一个空格，数字和短语之间也要留一个空格。

例：

（√）旋塞阀 – 0.5 – 2 Inch. rfa

（×）旋塞阀 – 0.5 – 2Inch. rfa

（√）10 – 50 加仑容积水头 – 50 – 150 Feet

（×）10 – 50 加仑容积水头 – 50 – 150 Feet

（2）通用族类型的命名规则

①在两个短语之间使用连字符"–"，连字符的两侧各留一个空格。但是在指示尺寸区间时，连字符的两侧不能留空格。不能在族类型中出现下划线"_"。

例：

（√）10 – 50 加仑容积 – 50 – 150 英尺水头

（×）10 – 50 加仑容积_ 50 – 150 英尺水头

（√）标准

（×）M_ 标准

②按照下面的英制和公制单位转换表，除单位"（单位：英寸）和单位"（单位：英尺）外，在数字和单位名称之间都必须插入一个空格符号。

英制和公制单位转换表			
英制	公制	英制	公制
Btu	J	Gallon	LPS
Btu/h	kW	GPD	LPD
CFM	L/s	GPF	LPF
Feet	m	GPM	LPS
HP	kW	psi	Pa
Inch（"）	mm	Tons	kW
MBH	kW	Sq. ft	Sq. m
Gallon	L	Square Feet	Square Meter

例：（√）2"

（×）2 "

（√）100 mm

（×）100mm

（√）5 Gallon

（×）6L

③在两个尺寸值之间使用小写字母"x"，在"x"左右两侧不要添加空格。

例：

（√）610 mm×500 mm

（×）610 mm×610 mm

2）嵌套族和族类型的通用命名规则：

（1）嵌套族的名字

①除过特殊含义，使用同样的主族名字＋空格＋"注释"作为嵌套族的名字。

②对于有特殊含义的，使用"M_＋同样的主族类型名字"作为嵌套族的名字。

③使用"M_正文"作为标记名。

④使用"M_＋实字"作为其部分的符号名。

例子：

（√）散流器的箭头指示

⑤对于多个嵌套族，命名的格式为：嵌套族名字＋空格＋阿拉伯数字"1，2…"

例子：

（√）电话输出口 1／电话输出口 2

（2）嵌套族的族类型名字

①对于只有一种族类型的嵌套族，族类型的名字跟嵌套族的名字相同。

②对于多种族类型的嵌套族，其格式为：族类型名字＋空格＋阿拉伯数字"1，2…"。

③在族类型名字中，决不能出现"M_"。

3）暖通专业族的命名规则

注意：

（1）等级（A，B，C，D，E，F，G…）代表了族名字中的顺序。

（2）使用连字符"-"去区分每个等级且连字符的左右两侧必须加一个空格符号。

①附件

A	B	C	D
关键词	形状	模式/操作	尺寸范围
首词（只表明其种类）	圆形/矩形/…	平行/角度 直线/平面 正切/ *操作/…	* – * Inch/ * – * mm/…

例：

平衡调节器 – 矩形 . rfa　　（A + B）

防火阀 – 矩形 – 单体式 . rfa　　（A + B + C）

②配件

A	B	C	D	E
连接器形状	关键词	附带组件	细节形状（主要的）	细节形状（次要的）
矩形/ 圆形/ 矩形到圆形	联接/偏移/裤形三通/V 型三通/交叉/弯头/管冒/三通/渐变/Y 型三通/双 Y 型三通/…	连接渐变…	侧支线/斜接/圆形管喉/锐角形管喉/斜面管喉/偏心/同心/…	削角的/平滑半径/锥体/角度/楔形/曲线/渐变/圆锥形分接头/锐角形跟部/跟部半径/减少/…

例：

矩形 Y 型三通 – 侧支线 – 渐变 . rfa

（A + B + D + E）

矩形 Y 型三通 – 平滑半径 . rfa　　（A + B + E）

矩形三通连接渐变 – 削角 . rfa　　（A + B + C + E）

矩形到圆形三通连接渐变 – 圆锥形分接头 . rfa　　（A + B + C + E）

矩形到圆形三通 – 渐变 . rfa　　（A + B + E）

4）电器元件族的命名规则

A	B	C
元件名字	主要描述	次要描述
设备名字	A/V/KVA/描述系统/扩散器…	桥架/附件/照明数量…

例：

空气冷却式变压器 – 480 – 208Y120 – 美国电器制造商协会类型 2. rfa　（A + B + C）

走线灯 – 直线型 – 2 灯. rfa　（A + B + C）

舱顶灯 – 盘状. rfa　（A + B）

数据. rfa　（A）

5）消防专业族的命名规则

（1）附件

A	B	C	D	E
关键词	模式/操作	尺寸区间	材料	连接类型
首词	角度/直线型/正切的/＊操作/…	＊ – ＊ Inch/＊ – ＊ mm/…	CPVC/PVC/…	法兰/螺纹连接/…

例：

压力开关警报器. rfa　（A）

延迟器. rfa　（A）

流量计. rfa　（A）

水压警报器. rfa　（A）

（2）电控箱

A	B
关键词	定位
电控箱名	嵌壁式/半嵌壁式/明装/…

例子：

软管架电控箱 – 嵌壁式. rfa　（A + B）

软管卷盘电控箱 – 半嵌壁式. rfa　（A + B）

（3）连接头

A	B	C
关键词	类型 1	类型 2
消防接口	单段式/二段式/三段式/…	插座体/…
消防进口接口		形体/突出的/平槽滤板/…
水带接口		闸阀/球阀/…

例子：

消防连接头－二段式－插座体.rfa （A＋B＋C）

消防进口接头－单段式－平槽滤板.rfa （A＋B＋C）

软管连接－闸阀.rfa （A＋C）

软管连接－球阀.rfa （A＋C）

（4）喷头

A	B	C	D	E
关键词	系统	方向1	方向2	模板
喷头	干式/…	水平侧墙式/垂直侧墙式/下垂式/直立式/向窗式/…	全嵌入式/半嵌入式/…	承接

例子：

喷头－直立式.rfa （A＋C）

喷头－干式－直立式.rfa （A＋B＋C）

喷头－干式－水平侧墙式－装载的.rfa （A＋B＋C＋E）

喷头－下垂式－装载的.rfa （A＋C＋E）

喷头－干式－水平侧墙式－全嵌入式－装载的.rfa（A＋B＋C＋D＋E）

（5）阀门

A	B	C	D	E
关键词	类型1	类型2/操作	尺寸区间	连接类型
阀门名	三段式/…	角式/直立式/N型/Y型/＊操作/…	＊－＊Inch/＊－＊mm/…	法兰连接/槽舌连接/螺纹连接/…

例子：

报警止回阀.rfa （A）

干式阀.rfa （A）

雨淋阀.rfa （A）

标准减压阀.rfa （A）

6）机械构件族的命名规则

（1）风口

A	B	C	D	E	F	G
系统类型 + 风口名字	附件	连接器形状	功能定义	装饰	尺寸区间	型板
送风口/回风口/排风口/油脂罩/烟橱（只表明类别）	连接渐变/打孔的/内充物质/…	矩形/圆形/矩形面圆形颈部/顶部的矩形管道/…	短接/排风（只有罩）/直线槽/压制/…	8Inch 定位/无管的/…	* － * CFM/…	* 镶嵌/…

例子：

气窗 – 压制 – 8 Inch 定位 . rfa　（A + D + E）

气窗 – 耐风暴 . rfa　（A + D）

送风口内充物质 – 直线槽 – 承接 . rfa　（A + B + D + G）

排风口 – 矩形面方颈 – 承接 . rfa　（A + B + G）

烟橱 – 台式 – 无管的 . rfa　（A + E）

烟橱 – 排风 – 配置 . rfa　（A + E）

送风口 – 打孔的 – 矩形颈部 – 天花板安装 . rfa　（A + B + C + G）

（2）设备

A	B	C	D	E	F	G
关键词	模式/操作（主要）	模式/操作（次要）	方向	布置	尺寸区间	型板
设备名（只表明类别）	风冷/水冷/直驱/…	两级/三通/…	水平/垂直/…	高效/标准/…	* － * GPM/* － * MBH/…	* 镶嵌/…

例子：

冷凝器 – 风冷 – 水平 – 17 – 265 MBH. rfa　（A + B + D + F）

蒸发凝结器 . rfa　（A）

风机盘管 – 水平基础隐藏式 . rfa　（A + E）

吸收式制冷机 – 二级 – 850 – 1650 Tons. rfa　（A + C + F）

旋转式液体冷却器 – 水冷 – 三通 – 225 – 450 Tons. rfa　（A + B + C + F）

排气离心风机 – 直驱 – 壁装式 . rfa　（A + B + G）

7）管道族构件的命名规则

（1）附件

A	B	C	D	E
关键词	模式/操作	尺寸区间	材料	连接类型
首要名字	角式/直立式/正切的/＊操作/…	＊－＊ Inch/＊－＊ mm/…	CPVC/PVC/…	法兰连接/螺纹连接/…

例子：

温度计.rfa　（A）

进气口－1.5－4 Inch.rfa　（A＋C）

回风口－2.5－8 Inch－法兰连接.rfa　（A＋C＋E）

带滤网的空气分离器－正切的－2－2.5 Inch－螺纹连接.rfa

（A＋B＋C＋E）

（2）配件

配件类型描述法则

注意：

a. 配件类型描述的是配件的普遍类型，类似于类型的风格。

b. 超出了类型范围的配件类型的补充描述只能使用在配件是无标准的情况下。例如

➢弯头的连接器尺寸描述只能被用在渐变的或者非直线型组合。在弯头的两个接头尺寸是相同的情况下，连接器的尺寸描述将不能被使用。

➢在附件没有基本类型的情况下，附件类型无描述。

		附件类型描述规则
数目	项目	例子
a	类型	进口管/弯曲/管道末端/套管/支管/管箍/四通/交叉/弯头/接头/歧管/管堵/减压器/套接/溶剂/封端/锥形化/渐缩/三通/分离器/Y 形三通/…
b	类型/造型	进口管：45 度/螺丝状 弯曲：入口/背门/Z 形转弯 套管：88 度/90 度/相反的 支管：45 度/60 度/87.5 度/88 度/88.5 度/斜角/拐角/偏移/扩展偏移/曲线半径/连接进口/偏移－终端入口（＊角度只会出现在支管后）

续表

附件类型描述规则

数目	项目	例子
b	类型/造型	管帽：平顶 清扫口：两段式 管箍/减压器/锥体/渐缩：偏心的/同心的/含索线/不含索线/含管堵/不含管堵/刚性的/挠性的/一半的/直立式/平的 弯头：压缩/挡板 形管：三向的 侧向三通：45 度 螺纹接头：型锻的 管塞：六角形头部/圆头/方头/公的/套接 U 形弯头：全开式/半开式/封闭式 套接：滑动环密封 三通：压缩/支管减小/一个末端和分支减小/一个末端减小/放射式 存水弯：P 形/S 形/Drum/带清扫口的 P 形弯/瓶式/支管/连续的/管状的/带接底/… Y 形三通：45 度/第八弯曲组合/摆正/排列/三通/直立式/平的…
c	公母类别	母的/Street/公的
d	连接器尺寸	直线式/减小的
e	基底类型	正方形基础/圆形基础/固定基础/…
f	身长	长半径/短半径/长延伸/长的/长尾/有一个长边/…
g	分支类型	侧孔/双支管/两个/双角/…
h	系统	中水/通风/污水/废水

例：

1. a f g

弯头长半径有侧孔

2. a d e

三通渐缩圆形基础

B. 材料缩写

注意：在族名字中仅能使用缩写。

首先，参照材料设计标准"MSS SP – 25 – 1998 Standard Marking System for Valves，Fittings，Flanges and Unions"．

TABLE 1—COMMON SYMBOLS FOR METALLIC MATERIALS

Aluminum	…………………………	AL		
Brass	…………………………	BRS	Soft Metal（for example，lead babbitt，copper，etc.）………………………… SM	
Bronze	…………………………	BRZ	Stainless Stell ………………………… SS	
Carbon Steel	…………………………	CS	Steel，13 Chromium ………………………… CR13	

续表

Gray Iron ·························· GI	Steel, 18 Chromium ·················· Cr18
Copper-Nickel Alloy ·············· CU-NI	Steel, 28 Chromium ················· CR28
Ductile Iron ····················· DI	Steer, 18-8 ······················ 18-8
Hardfacing ······················ HF	Steer, 18-8 with Molybdenum ··· 18-8SMO
Integral Seats ··················· INT	Steer, 18-8 with Columbium ···· 18-8SCB
Malleable Iron ··················· MI	Surface Hardened Steel (for example nitrided
Nickel-Copper Alloy ·············· NI CU	surfaces) ······················ SH

TABLE 2—COMMON SYMBOLS FOR NON METALLIC MATERIALS

Asbestos ························· ASB	Isoprene Rubber ··················· IR
Butadiene Rubber ················· BR	Natural Rubber ···················· NR
Buryl Rubber ····················· IIR	Nitrile or Buna N Rubber ··········· NBR
Chloroprene or neoprene ··········· CR	Nylon ····························· NYL
Chlorosulfonated Polyethylene ······ CSM	Polyacrylic Rubber ················· ACM
Chlorotirifluoreoethylene ··········· CIFE	Poly Vinyl Chloried ················ PVC
Ethylene-Propylene Diene Monomer ····· EPDM	Silicone Rubber ···················· SI
Ethylene-Propylene Rubber ········· EPR	Styrene Butadiene Rubber ··········· SBR
Ethylene-Propylene Ter polymer ······ EPT	Tetrafluoroethylene ················· TFE
Flexible Graphite ················· GRAF	Thermophastic material ············· TRLAS
Fluorocarbon Rubber ··············· FKM	Thermosetting material ············· TSET
Fluorinated Ethylene Propylene ······· FEP	

　　如若不能在上述表格中找到相应的材料，使用材料名的英文单词的词首字母。

　　例：

DI → Ductile Iron

GI → Gray Iron

MI → Malleable Iron

CI → Cast Iron

WC → Wrought Copper

A	B	C	D	E
配件类型	连接类型	材料	等级/明细	功能
参照配件类型描述法则	法兰连接/螺纹连接/C x F/…	GI/MI/PVC/…（参照材料缩写）	Class 150/Sch 40/…	DWV/…

例：

侧长半径弯头 – 出口 – 螺纹连接 – MI – Class 150. rfa　（A + B + C + D）

圆基础渐变型三通 – 法兰连接 – GI – Class 250. rfa　（A + B + C + D）

弯曲 – PVC – Sch 40 – DWV. rfa　（A + C + D + E）

3）阀门

A	B	C	D	E
关键词	类型 1	类型 2/操作	尺寸区间	连接类型
阀门名字	三段式…	角式/直立式/N 型/Y 型/ *操作/…	* – * Inch/ * – * mm/…	法兰连接/ 沟槽连接/ 螺纹连接/…

例：

旋塞阀 – 0. 5 – 2 Inch. rfa　（A + D）

旋塞阀 – 齿轮操作 – 4 – 16 Inch. rfa　（A + C + D）

水平阀 – 2. 5 – 3 Inch – 法兰连接. rfa　（A + D + E）

旋塞阀 – 三段式 – 齿轮操作 – 4 – 16 Inch. rfa　（A + B + C + D）

平衡阀 – 直立式 – 0. 5 – 2 Inch – 螺纹连接. rfa　（A + C + D + E）

8）管道组件的命名规则

（1）设备

A	B	C	D	E
关键词	类型/操作	方向	尺寸区间	型板
设备名称	水箱/ 锥形底/…	水平/ 垂直/…	* – * GPM/ * – * LPS/…	* 镶嵌/…

例：

热水器. rfa　（A）

热水器 – 水箱式. rfa　（A + B）

储罐 – 水平式. rfa　（A + C）

水软化剂 – 4 – 37 GPM. rfa　（A + D）

过滤器 – 壁装式. rfa　（A + E）

（2）装置

A	B	C	D	E	F
关键词	类型/功能	形状 1	形状 2	方向	型板
装置名称	孤立/厨房/擦拭/服务/冲洗阀/…	拐角/椭圆形/圆形/矩形/Stall/…	单一式/双的/三倍的/…	全嵌墙/半埋入式/…	*镶嵌/挂墙式/…

例：

浴盆.rfa　（A）

水槽-服务.rfa　（A+B）

浴盆-椭圆形.rfa　（A+C）

自动饮水器-镶嵌.rfa　（A+E）

水槽-厨房-双斗.rfa　（A+B+D）

抽水马桶-冲洗式-地面安装.rfa　（A+B+F）

自动饮水器-椭圆形-壁装.rfa　（A+C+F）

2.2　族参数的命名规则

1）物理参数：

（1）参数格式宜设置为："对族的描述/组成/连接器 + 尺寸标注。"

例子：冷却塔长度，墙厚，热水管直径。

注意：

➤尺寸标注的单词只能使用下面表格中的单词。

➤"距离"和"偏移"只能被用于连接器的位置。

长度	半径
宽度	直径
高度	厚度
深度	距离
角度	偏移

（2）具有同等级别的参数宜遵照所述顺序：左-右，下-上。

（3）关联几何形体的参数

①对于任何族，参数中关联于几何形体的尺寸单词应遵照下面图片中显示的方向。

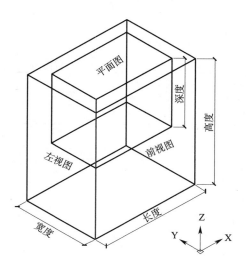

②半径或直径应被用于描述圆环/圆柱，而不是长度或宽度。

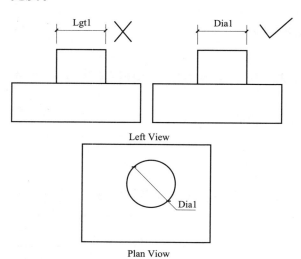

Lgt1：长度 1   Dia 1：直径 1

（4）关联于连接器的参数

①连接器的顺序：

关联于连接器的族参数中的数字顺序应遵照连接器的顺序。

例：

关联于连接器的参数带有连续性的数字

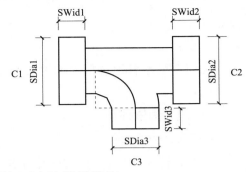

关联于连接器的参数带有不连续性的数字

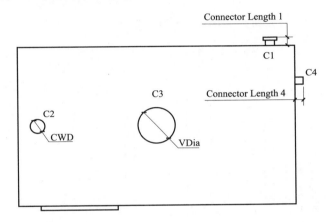

②连接器的参数：

➢所有相关于连接器的扩展参数应被命名为"连接器长度 ＋
连接器序号"。

➢所有的"连接器长度 XX"之类的参数都归于"其他"。

③连接器的位置：

所有的相关于连接器的临界位置的参数应按照下面的格式：

ⅰ. 到设备边界的距离：Cn（n－连接器顺序数字）＋ 偏移
＋ 数字

例子：C1 偏移 1，C2 偏移 2

ⅱ. 连接器之间的距离：距离 ＋ 数字

例子：距离 1

④管道连接器：

➢所有的管道配件的连接器应同时含有外径和公称直径。（含

公称半径和外半径）

注意：

任何关联于管道连接器的组成部分名字中不能含"外径"。

例：

（错误）沟槽外径

（正确）沟槽直径

➤在所有的外径和公称直径之前不可以出现单词"管道"。

例：（错误）管道外径，管道公称直径；

（正确）外径，公称直径

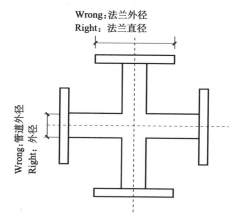

➤在管道附件和设备的连接器参数中既不能出现"管道"又不能出现"公称"。

翻译：

Gas Diameter：燃气管道直径

Vent Diameter：通风管道直径

Cold Water Diameter：冷水管直径

➤管道附件的连接器的描述只能在如下系统中被选择。

热水
冷水
污废水

例子：热水管半径，冷水管直径

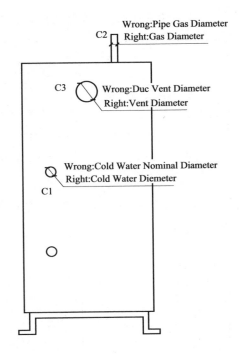

⑤风管连接器：

➤在所有圆形风管连接器参数中不能出现单词"公称"。

➤在设备的风管连接件参数中不能出现单词"风管"。

➤所有的矩形风管连接器参数只能表示为××宽度或者××高度，而且宽度和高度的方向应参照如下附图。

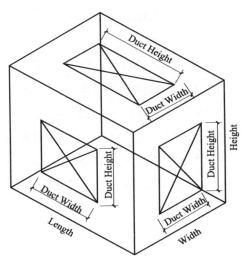

➢设备的风管连接器的描述只能在下面的清单中选择：

送风入口/出口
回风入口/出口
排风入口/出口
排烟
气体入口/出口
新风入口/出口

例：

回风入口宽度，排烟管直径

➢在风管配件和风管附件的连接器参数之前必须出现一个单词"风管"。

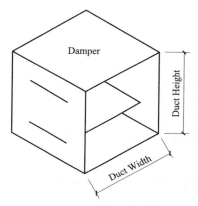

Damper：

截气闸

2）逻辑参数：

（1）所有的材质参数应该遵照如下格式："族/成分名字 + 材质"

例子：锅炉材料，阀门材料

（2）所有的气体参数命名时必须含"气体/燃气"。

例子：气体流量，燃气流量

3）在"其他"组类别中的族参数命名规则：

（1）参数命名规则的总说明

范围：管道和风管配件族的参数名在"其他"组类别中的

（2）命名

A. 总参数命名

优先级	族	注释	例子
1	标准	参照标准或厂家标准	例：联合宽度/ 法兰宽度/风管直径 1
2	子类别	注意保温层 或衬套	例：保温层直径 1/ 衬套长度 1
3	成分	用于管道配件： 主管使用主管/支管使用支管/法兰使用法兰 用于风管配件： 主风管使用主风管/风管支管使用风管支管	管道配件： 例子：主管长度 1/支管直径 1 风管配件： 例：主风管长度 1/风管支管直径 1
4	连接器	遵照连接器序号： 连接器 1：C1/连接器 2：C2	例：C1 长度 1/ C3 直径 1
5	对比	对比直径： 最大公称直径 12/最小直径 1234 对比长度和混合比较： 最大描述性单词/ 长度 X 最小描述性单词/ 长度 X	例： 1. 对比公称直径 1 和 2：最大公称直径 12 2. 对比最小直径 1，2，3，4：最小直径 1234 3. 对比直径和长度：长度 7
6	角度	名字角度遵照顺序	例：角度 1/ 角度 2
7	常规	名字 长度/直径/半径/ 可见性遵照顺序	例： 1. 无任何描述性单词：长度 1/长度 2/直径 1/可见性 1 2. 含描述性单词：保温层支管可见性 1/衬套支管 C3 长度 3

例：

ⅰ. 公称直径 1/联合宽度

ⅱ. 最小公称直径 12/最小公称直径 1234

ⅲ. 主管长度 1/C1 长度 1/主管 C1 长度 1/保温层支管 C4 直径 1

B. 异形参数命名

优先级	族	注释	例子
1	标准		例：入口直径/ 风管支管 1 角度
2	子类别	注意保温层或者衬套	例：保温层入口直径/风管支管衬套 1 长度
3	对比	对比直径： 最大直径入口和出口 对比长度和混合比较： 最大描述性单词/ 长度 X 最小描述性单词/ 长度 X	例： 1. 对比直径入口和出口： 2. 最大直径入口和出口 3. 对比直径和长度：长度 7
4	角度	风管支管名 X 角度　按顺序	例：风管支管 1 角度风管支管 2 角度
5	常规	1. 没涉及"尺寸"的参数： 名字　子类别加长度/直径/半径/ 可见性按顺序 2. 涉及"尺寸"的参数： 如果"其他"参数名涉及到"尺寸"，请使用"尺寸"参数名加"X".	例： 1. 没涉及到"尺寸"的参数： 长度 1/直径 1/保温层可见性 1 2. 涉及"尺寸"的参数： 风管支管 1 长度 1/风管支管 1 直径 1/保温层入口直径 1/风管支管 2 角度 1

例：

1. 风管支管 1 角度/风管主管长度/风管支管 1 长度/出口直径/风管支管 2 基础直径

2. 最大直径入口出口/最小风管支管 1 和 2 基础直径

3. 风管支管 2 基础直径 1/入口直径 1/风管支管 1 插入 1

2.3　新建族的方法

过程

1）点击新建－＞族－＞选择公制常规模型作为模板。

2）修改－＞属性－＞族类别和族参数…

因为我们使用公制常规模型模板，所以默认族类别将设为常规模型。且因为我们在创建一个风管配件，我们需要将族类别重设为风管管件。

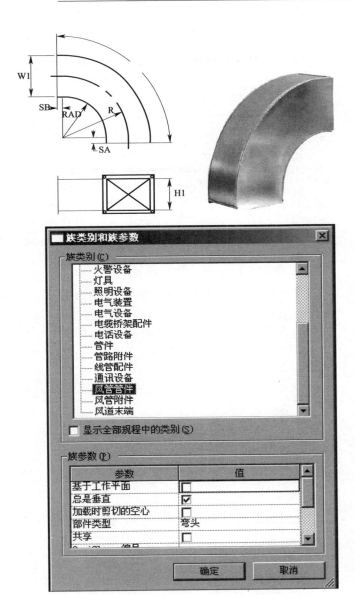

　　一旦族类型被设置为风管管件，额外的族参数就将可见。将部件类型改为弯头。

　　3）锁定工作平面——参照平面。

　　有两个工作平面：中心（左/右），中心（前/后）。这些参照平面应该在合适的位置锁定。

4）载入一个轮廓族：插入 – > 载入族 – > M_ 风管 – 矩形

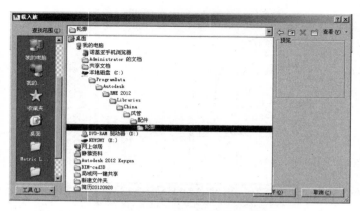

5）添加工作平面，然后命名。

我们拷贝中心（左/右）平面到左边两次，所以我们的族这时就显示为如下所示：

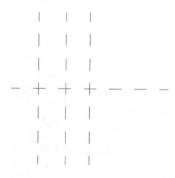

我们向上拷贝中心（前/后），随后我们得到如下所示的图：

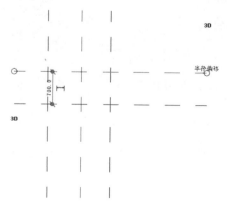

6）绘制线路

在下图中心（前/后）的工作平面上的相同位置处绘制一条参照线。

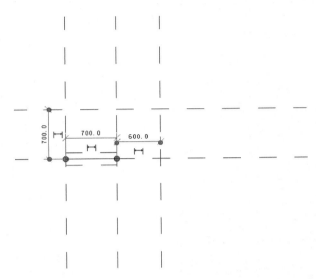

7）添加约束

现在我们需要去约束刚才绘制的参照线以保证他们是"连接的"。要做到这一步就必须使用 对齐（AC），并选择你需要对齐的平面。

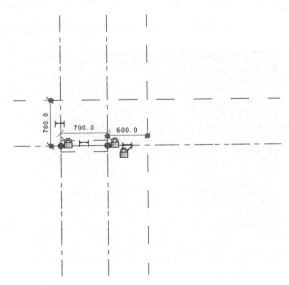

8）添加一个圆弧。

现在我们需要添加一个圆弧，以参照线的格式。我们将使用圆心－端点弧方式来添加一段圆弧。

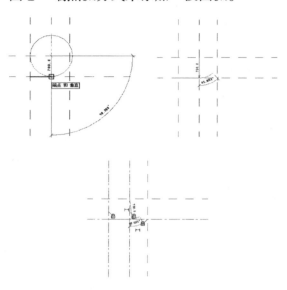

9）添加角度尺寸－>加标签。

现在选择刚才绘制的圆弧并在绘图区域选择 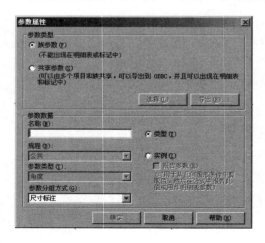 约束使其由临时尺寸标注变为永久性尺寸标注。这个尺寸代表了要创建的弯头的"角度"。我们需要去加标签于这个尺寸，选中这个尺寸标注并点击标签的下拉菜单中的＜添加参数…＞

在名称栏内输入角度，选择实例然后点击确定。我们现在将刚才的尺寸变为了参数。从选择面板中点击族类型工具栏，你可以看到在尺寸标注栏下出现了一个角度（默认）参数，将它的值改为45°。

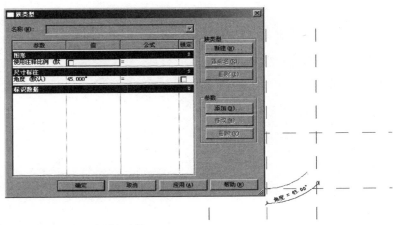

10）添加另一条参照线

最后我们需要在刚才绘制的圆弧的右端点添加另一条直线。利用参照线工具然后从圆弧的右端点向右上画一条线，绘制为45°。

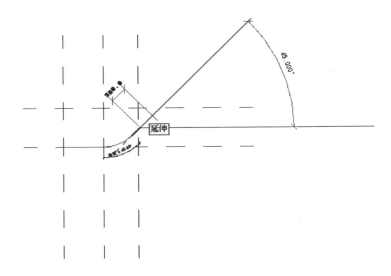

11）添加约束去控制刚才绘制的参照线

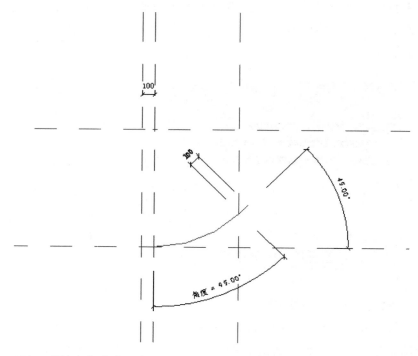

12）对刚才变为永久性尺寸标注的尺寸添加参数 － ＞标签

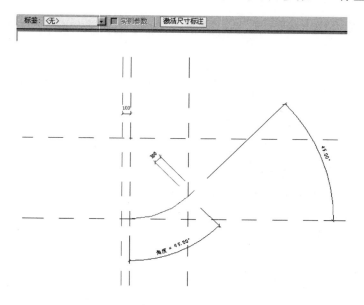

13）添加参数去控制轮廓的尺寸。

我们已经完成了定义基础的"路径"，现在需要去创建一些额外的参数去控制轮廓的尺寸。在族类型对话框中的参数下再次选择添加去创建如下的参数。

名称	规程	参数类型	参数分组方式	类型/实例
宽度	HVAC	风管尺寸	尺寸标注	实例
高度	HVAC	风管尺寸	尺寸标注	实例

在族类型对话框中将新建的参数值设为800 mm，将连接器延长设为100 mm，角度设为45°。

14）创建放样。

点击常用 - > 放样，先拾取路径，然后选择轮廓。

15）创建几何尺寸。（放样）

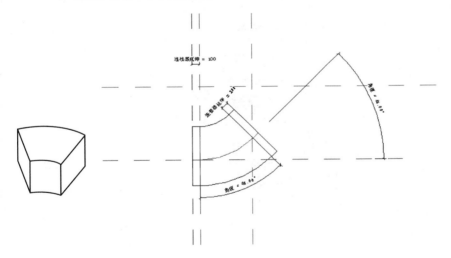

2.4　维护族库

族库需要族库管理员定期维护，当新族或者为了满足某些项目的特殊需求而专门创建的族被创建好后，族库管理员都会将其收集并整理，以供各单位及部门的正常下载及使用。

2.5　族的文件夹存储结构以及汇总

族的文件夹存贮结构：

格式：…管道 \ 配件 \ 层级 1 \ 层级 2 \ 层级 3 \ 层级 4 \ …

层级	内容
1	材质/材质法兰
2	Class/Schedule
3	连接类型
4	功能

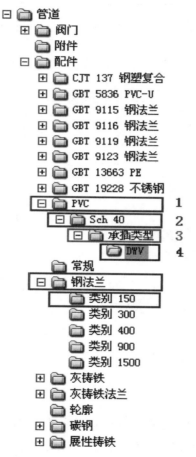

例：

这个族 "M_ 圆底座变径三通 – 法兰式 – 灰铸铁 – 250 磅级" 的存储路径是：

管道 \ 配件 \ 灰铸铁 \ 类别 250 \ 法兰式

3. BIM 模型精度规定

1. 建筑专业

建筑	建筑专业各阶段 LOD 精度要求				
	方案阶段 LOD	初设阶段 LOD	施工图阶段 LOD	施工阶段 LOD	数字楼宇交付 LOD
场地	100	200	300	300	300
墙	100	200	300	300	300
散水	100	200	200	200	200
幕墙	100	200	300	400	400
建筑柱	100	200	300	300	300
门窗	100	200	300	400	400
屋顶	100	200	300	300	300
楼板	100	200	300	300	300
天花板	100	200	300	300	300
楼梯（含坡道、台阶）	100	200	300	300	300
电梯（直梯）	100	200	300	400	500
家具	100	200	300	400	400

2. 结构

结构专业	结构专业各阶段 LOD 精度要求				
	方案阶段 LOD	初设阶段 LOD	施工图阶段 LOD	施工阶段 LOD	数字楼宇交付 LOD
板	100	200	300	300	300
梁	100	200	300	300	300
柱	100	200	300	300	300
梁柱节点	100	200	300	300	300
墙	100	200	300	300	300
预埋及吊环	100	200	300	300	300
基础	100	200	300	300	300
基坑工程	100	200	300	300	300
柱	100	200	300	300	300
桁架	100	200	300	300	300
梁	100	200	300	300	300
柱脚	100	200	300	300	300

3. 给排水专业

<table>
<tr><td colspan="6">给排水专业各阶段 LOD 精度要求</td></tr>
<tr><td rowspan="2">给排水专业</td><td>方案阶段
LOD</td><td>初设阶段
LOD</td><td>施工图阶段
LOD</td><td>施工阶段
LOD</td><td>数字楼宇交付
LOD</td></tr>
<tr><td>管道</td><td>100</td><td>200</td><td>300</td><td>300</td><td>300</td></tr>
<tr><td>阀门</td><td>100</td><td>200</td><td>300</td><td>400</td><td>400</td></tr>
<tr><td>附件</td><td>100</td><td>200</td><td>300</td><td>300</td><td>300</td></tr>
<tr><td>仪表</td><td>100</td><td>200</td><td>300</td><td>400</td><td>400</td></tr>
<tr><td>卫生器具</td><td>100</td><td>200</td><td>300</td><td>400</td><td>400</td></tr>
<tr><td>设备</td><td>100</td><td>200</td><td>300</td><td>400</td><td>500</td></tr>
</table>

4. 暖通专业

<table>
<tr><td colspan="6">暖通专业各阶段 LOD 精度要求</td></tr>
<tr><td rowspan="2">暖通专业</td><td>方案阶段
LOD</td><td>初设阶段
LOD</td><td>施工图阶段
LOD</td><td>施工阶段
LOD</td><td>数字楼宇交付
LOD</td></tr>
<tr><td colspan="5">暖通风系统</td></tr>
<tr><td>风管道</td><td>100</td><td>200</td><td>300</td><td>300</td><td>300</td></tr>
<tr><td>管件</td><td>100</td><td>200</td><td>300</td><td>300</td><td>300</td></tr>
<tr><td>附件</td><td>100</td><td>200</td><td>300</td><td>300</td><td>300</td></tr>
<tr><td>末端</td><td>100</td><td>200</td><td>300</td><td>300</td><td>300</td></tr>
<tr><td>阀门</td><td>100</td><td>100</td><td>300</td><td>400</td><td>400</td></tr>
<tr><td>机械设备</td><td>100</td><td>100</td><td>300</td><td>400</td><td>500</td></tr>
<tr><td colspan="5">暖通水系统</td></tr>
<tr><td>水管道</td><td>100</td><td>200</td><td>300</td><td>300</td><td>300</td></tr>
<tr><td>管件</td><td>100</td><td>200</td><td>300</td><td>300</td><td>300</td></tr>
<tr><td>附件</td><td>100</td><td>200</td><td>300</td><td>300</td><td>300</td></tr>
<tr><td>阀门</td><td>100</td><td>100</td><td>300</td><td>400</td><td>400</td></tr>
<tr><td>设备</td><td>100</td><td>100</td><td>300</td><td>400</td><td>500</td></tr>
<tr><td>仪表</td><td>100</td><td>100</td><td>300</td><td>400</td><td>400</td></tr>
</table>

5. 电气

<table>
<tr><td colspan="7">电气专业各阶段 LOD 精度要求</td></tr>
<tr><td colspan="2" rowspan="2">电气专业</td><td>方案阶段
LOD</td><td>初设阶段
LOD</td><td>施工图阶段
LOD</td><td>施工阶段
LOD</td><td>数字楼宇交付
LOD</td></tr>
<tr><td colspan="5">强电</td></tr>
<tr><td rowspan="4">供配电系统</td><td>母线</td><td>100</td><td>200</td><td>300</td><td>400</td><td>400</td></tr>
<tr><td>配电箱</td><td>100</td><td>200</td><td>300</td><td>400</td><td>400</td></tr>
<tr><td>电度表</td><td>100</td><td>200</td><td>300</td><td>400</td><td>400</td></tr>
<tr><td>变、配电站内设备</td><td>100</td><td>200</td><td>300</td><td>500</td><td>500</td></tr>
</table>

续表

电气专业		方案阶段 LOD	初设阶段 LOD	施工图阶段 LOD	施工阶段 LOD	数字楼宇交付 LOD
照明 系统	照明	100	200	300	400	400
	开关插座	100	200	300	400	400
线路敷 设及防 雷接地	避雷设备	100	200	300	400	400
	桥架	100	200	300	400	400
	接线	100	200	300	400	400
弱电						
火灾报 警及联 动控制 系统	探测器	100	200	300	400	400
	按钮	100	200	300	400	400
	火灾报 警电话 设备	100	200	300	500	500
	火灾报 警设备	100	200	300	500	500
桥架 线槽	桥架	100	200	300	400	400
	线槽	100	200	300	400	400
通信 网络 系统	插座	100	200	300	400	400
弱电 机房	机房内 设备	100	200	300	500	500
其他系 统设备	广播设备	100	200	300	500	500
	监控设备	100	200	300	500	500
	安防设备	100	200	300	500	500

（表头：电气专业各阶段 LOD 精度要求）

4. BIM 模型精度标准

附表 4-5

建筑专业 BIM 模型精度标准

详细等级（LOD）	100	200	300	400	500
场地	不表示	几何信息 （形状、位 置和颜色 等）	几何信息 （模型实体 尺寸、形 状、位置和 颜色等）	产品信息 （概算）	

续表

详细等级（LOD）	100	200	300	400	500
墙	几何信息（模型实体尺寸、形状、位置和颜色）	技术信息（材质信息，含粗略面层划分）	技术信息（详细面层信息，材质，附节点详图）	产品信息（供应商、产品合格证、生产厂家、生产日期、价格等）	维保信息（使用年限、保修年限、维保频率、维保单位等）
散水	不表示	几何信息（形状、位置和颜色等）			
幕墙	几何信息（嵌板＋分隔）	几何信息（带简单竖挺）	几何信息（具体的竖挺截面，有连接构件）	技术信息（幕墙与结构连接方式）、产品信息（供应商、产品合格证、生产厂家、生产日期、价格等）	维保信息（使用年限、保修年限、维保频率、维保单位等）
建筑柱	几何信息（模型实体尺寸、形状、位置和颜色等）	技术信息（带装饰面，材质）	技术信息（材料和材质信息）	产品信息（供应商、产品合格证、生产厂家、生产日期、价格等）	维保信息（使用年限、保修年限、维保频率、维保单位等）
门、窗	几何信息（形状、位置等）	几何信息（模型实体尺寸、形状、位置和颜色等）	几何信息（门窗大样图，门窗详图）	产品信息（供应商、产品合格证、生产厂家、生产日期、价格等）	维保信息（使用年限、保修年限、维保频率、维保单位等）
屋顶	几何信息（悬挑、厚度、坡度）	几何信息（檐口、封檐带、排水沟）	几何信息（节点详图）、技术信息（材料和材质信息）	产品信息（供应商、产品合格证、生产厂家、生产日期、价格等）	维保信息（使用年限、保修年限、维保频率、维保单位等）

续表

详细等级（LOD）	100	200	300	400	500
楼板	几何信息（坡度、厚度、材质）	几何信息（楼板分层，降板，洞口，楼板边缘）	几何信息（楼板分层细部做法，洞口更全）	产品信息（供应商、产品合格证、生产厂家、生产日期、价格等）	维保信息（使用年限、保修年限、维保频率、维保单位等）
天花板	几何信息（用一块整板代替，只体现边界）	几何信息（厚度，局部降板，准确分割，并有材质信息）	几何信息（龙骨，预留洞口，风口等，带节点详图）	产品信息（供应商、产品合格证、生产厂家、生产日期、价格等）	维保信息（使用年限、保修年限、维保频率、维保单位等）
楼梯（含坡道、台阶）	几何信息（形状）	几何信息（详细建模，有栏杆）	几何信息（楼梯详图）	建造信息（安装日期、操作单位等）	维保信息（使用年限、保修年限、维保频率、维保单位等）
电梯（直梯）	几何信息（电梯门，带简单二维符号表示）	几何信息（详细的二维符号表示）	几何信息（节点详图）	产品信息（供应商、产品合格证、生产厂家、生产日期、价格等）	维保信息（使用年限、保修年限、维保频率、维保单位等）
家具	无	几何信息（形状、位置和颜色等）	几何信息（尺寸、位置和颜色等）	产品信息（供应商、产品合格证、生产厂家、生产日期、价格等）	维保信息（使用年限、保修年限、维保频率、维保单位等）

结构专业 BIM 模型精度标准　　　　　附表 4－6

详细等级（LOD）	100	200	300	400	500
混凝土结构					
板	几何信息（板厚、板长、宽、表面材质颜色）	技术信息（材料和材质信息）	几何信息（分层做法，楼板详图，附带节点详图，钢筋布置图）、技术信息（材料信息）	产品信息（供应商、产品合格证、生产厂家、生产日期、价格等）	维保信息（使用年限、保修年限、维保频率、维保单位等）

续表

详细等级（LOD）	100	200	300	400	500
梁	几何信息（梁长宽高，表面材质颜色）	技术信息（材料和材质信息）	几何信息（梁标识，附带节点详图，钢筋布置图）、技术信息（材料信息）	产品信息（供应商、产品合格证、生产厂家、生产日期、价格等）	维保信息（使用年限、保修年限、维保频率、维保单位等）
柱	几何信息（柱长宽高，表面材质颜色）	技术信息（材料和材质信息）	几何信息（柱标识，附带节点详图，钢筋布置图）、技术信息（材料信息）	产品信息（供应商、产品合格证、生产厂家、生产日期、价格等）	维保信息（使用年限、保修年限、维保频率、维保单位等）
梁柱节点	不表示	几何信息（连接方式，节点详图），技术信息（材质）	几何信息（连接方式，节点详图），技术信息（钢筋型号）	产品信息（供应商、产品合格证、生产厂家、生产日期、价格等）	维保信息（使用年限、保修年限、维保频率、维保单位等）
墙	几何信息（墙厚、长、宽、表面材质颜色）	技术信息（材料和材质信息）	几何信息（分层做法，墙身大样详图，空口加固等节点详图、钢筋布置图）、技术信息（材料信息）	产品信息（供应商、产品合格证、生产厂家、生产日期、价格等）	维保信息（使用年限、保修年限、维保频率、维保单位等）
预埋及吊环	不表示	几何信息（长、宽、高物理轮廓）技术信息（材料和材质信息）	几何信息（大样详图，节点详图钢筋布置图）、技术信息（材料和材质信息）	产品信息（供应商、产品合格证、生产厂家、生产日期、价格等）	维保信息（使用年限、保修年限、维保频率、维保单位等）
地基基础结构					

续表

详细等级（LOD）	100	200	300	400	500
基础	不表示	几何信息（基础长、宽、高基础轮廓、颜色）技术信息（材质）	几何信息（基础大样详图，钢筋布置图）、技术信息（材料信息）	产品信息（供应商、产品合格证、生产厂家、生产日期、价格等）	维保信息（使用年限、保修年限、维保频率、维保单位等）
基坑工程	不表示	几何信息（基坑长、宽、高表面）	几何信息（基坑维护结构构件长、宽、高及具体轮廓，钢筋布置图）	产品信息（供应商、产品合格证、生产厂家、生产日期、价格等）	维保信息（使用年限、保修年限、维保频率、维保单位等）
钢结构					
柱	几何信息（钢柱长宽高，表面材质颜色）	技术信息（材料和材质信息，根据钢材型号表示详细轮廓）	几何信息（钢柱标识，附带节点详图）	产品信息（供应商、产品合格证、生产厂家、生产日期、价格等）	维保信息（使用年限、保修年限、维保频率、维保单位等）
桁架	几何信息（桁架长宽高，无杆件表示，用体量代替，表面材质颜色）	技术信息（材料和材质信息，根据桁架类型搭建杆件位置示）	几何信息（桁架标识，桁架杆件连接构造、附带节点详图）	产品信息（供应商、产品合格证、生产厂家、生产日期、价格等）	维保信息（使用年限、保修年限、维保频率、维保单位等）
梁	几何信息（梁长宽高，表面材质颜色）	技术信息（材料和材质信息，根据钢材型号表示详细轮廓）	几何信息（钢梁标识，附带节点详图）	产品信息（供应商、产品合格证、生产厂家、生产日期、价格等）	维保信息（使用年限、保修年限、维保频率、维保单位等）
柱脚	不表示	几何信息（柱脚长、宽、高用体量表示）	几何信息（柱脚详细轮廓信息，柱脚标识，附带节点详图）技术信息（材料信息）	产品信息（供应商、产品合格证、生产厂家、生产日期、价格等）	维保信息（使用年限、保修年限、维保频率、维保单位等）

给排水专业 BIM 模型精度标准　　　　附表 4-7

详细等级（LOD）	100	200	300	400	500
管道	几何信息（管道类型、管径、主管标高）	几何信息（支管标高）	几何信息（加保温层、管道进设备机房）	技术信息（材料和材质信息、技术参数等）	维保信息（使用年限、保修年限、维保频率、维保单位等）
阀门	不表示	几何信息（绘制统一的阀门）	几何信息（按阀门的分类绘制）	技术信息（材料和材质信息、技术参数等）、产品信息（供应商、产品合格证、生产厂家、生产日期、价格等）	维保信息（使用年限、保修年限、维保频率、维保单位等）
附件	不表示	几何信息（统一形状）	几何信息（按类别绘制）	技术信息（材料和材质信息、技术参数等）、产品信息（供应商、产品合格证、生产厂家、生产日期、价格等）	维保信息（使用年限、保修年限、维保频率、维保单位等）
仪表	不表示	几何信息（统一规格的仪表）	几何信息（按类别绘制）	技术信息（材料和材质信息、技术参数等）、产品信息（供应商、产品合格证、生产厂家、生产日期、价格等）	维保信息（使用年限、保修年限、维保频率、维保单位等）
卫生器具	不表示	几何信息（简单的体量）	几何信息（具体的类别形状及尺寸）	技术信息（材料和材质信息、技术参数等）、产品信息（供应商、产品合格证、生产厂家、生产日期、价格等）	维保信息（使用年限、保修年限、维保频率、维保单位等）

续表

详细等级（LOD）	100	200	300	400	500
设备	不表示	几何信息（有长宽高的简单体量）	几何信息（具体的形状及尺寸）	技术信息（材料和材质信息、技术参数等）、产品信息（供应商、产品合格证、生产厂家、生产日期、价格等）	维保信息（使用年限、保修年限、维保频率、维保单位等）

暖通专业 BIM 模型精度标准　　　　　　附表 4 – 8

详细等级（LOD）	100	200	300	400	500
暖通风系统					
风管道	不表示	几何信息（按着系统只绘主管线，标高可自行定义，按着系统添加不同的颜色）	几何信息（按着系统绘制支管线，管线有准确的标高，管径尺寸、添加保温）	技术信息（材料和材质信息、技术参数等）	维保信息（使用年限、保修年限、维保频率、维保单位等）
管件	不表示	几何信息（绘制主管线上的管件）	几何信息（绘制支管线上的管件）	技术信息（材料和材质信息、技术参数等）、产品信息（供应商、产品合格证、生产厂家、生产日期、价格等）	维保信息（使用年限、保修年限、维保频率、维保单位等）
附件	不表示	几何信息（绘制主管线上的附件）	几何信息（绘制支管线上的附件，添加连接件）	技术信息（材料和材质信息、技术参数等）、产品信息（供应商、产品合格证、生产厂家、生产日期、价格等）	维保信息（使用年限、保修年限、维保频率、维保单位等）

续表

详细等级（LOD）	100	200	300	400	500
末端	不表示	几何信息（示意，无尺寸与标高要求）	几何信息（具体的外形尺寸，添加连接件）	技术信息（材料和材质信息、技术参数等）、产品信息（供应商、产品合格证、生产厂家、生产日期、价格等）	维保信息（使用年限、保修年限、维保频率、维保单位等）
阀门	不表示	不表示	几何信息（尺寸、形状、位置，添加连接件）	技术信息（材料和材质信息、技术参数等）、产品信息（供应商、产品合格证、生产厂家、生产日期、价格等）	维保信息（使用年限、保修年限、维保频率、维保单位等）
机械设备	不表示	不表示	几何信息（尺寸、形状、位置，添加连接件）	技术信息（材料和材质信息、技术参数等）、产品信息（供应商、产品合格证、生产厂家、生产日期、价格等）	维保信息（使用年限、保修年限、维保频率、维保单位等）
暖通水系统					
暖通水管道	不表示	几何信息（按着系统只绘主管线，标高可自行定义，按着系统添加不同的颜色）	几何信息（按着系统绘制支管线，管线有准确的标高，管径尺寸、添加保温，坡度）	技术信息（材料和材质信息、技术参数等）、产品信息（供应商、产品合格证、生产厂家、生产日期、价格等）	维保信息（使用年限、保修年限、维保频率、维保单位等）
管件	不表示	几何信息（绘制主管线上的管件）	几何信息（绘制支管线上的管件）	技术信息（材料和材质信息、技术参数等）、产品信息（供应商、产品合格证、生产厂家、生产日期、价格等）	维保信息（使用年限、保修年限、维保频率、维保单位等）

续表

详细等级（LOD）	100	200	300	400	500
附件	不表示	几何信息（绘制主管线上的附件）	几何信息（绘制支管线上的附件，添加连接件）	技术信息（材料和材质信息、技术参数等）、产品信息（供应商、产品合格证、生产厂家、生产日期、价格等）	维保信息（使用年限、保修年限、维保频率、维保单位等）
阀门	不表示	不表示	几何信息（具体的外形尺寸，添加连接件）	技术信息（材料和材质信息、技术参数等）、产品信息（供应商、产品合格证、生产厂家、生产日期、价格等）	维保信息（使用年限、保修年限、维保频率、维保单位等）
设备	不表示	不表示	几何信息（具体的外形尺寸，添加连接件）	技术信息（材料和材质信息、技术参数等）、产品信息（供应商、产品合格证、生产厂家、生产日期、价格等）	维保信息（使用年限、保修年限、维保频率、维保单位等）
仪表	不表示	不表示	几何信息（具体的外形尺寸，添加连接件）	技术信息（材料和材质信息、技术参数等）、产品信息（供应商、产品合格证、生产厂家、生产日期、价格等）	维保信息（使用年限、保修年限、维保频率、维保单位等）

电气专业 BIM 模型精度标准　　　　　　附表 4－9

详细等级（LOD）	100	200	300	400	500
设备	不建模	几何信息（基本族）	几何信息（基本族、名称、符合标准的二维符号，相应的标高）	几何信息（准确尺寸的族、名称），技术信息（所属的系统）	几何信息（准确尺寸的族、名称技术信息、所属的系统），产品信息（供应商、产品合格证、生产厂家、生产日期、价格等）

续表

详细等级（LOD）	100	200	300	400	500
母线桥架线槽	不建模	几何信息（基本路由）	几何信息（基本路由、尺寸标高）	几何信息（具体路由、尺寸标高、支吊架安装）技术信息（所属的系统）	几何信息（具体路由、尺寸标高、支吊架安装）技术信息（所属的系统）产品信息（供应商、产品合格证、生产厂家、生产日期、价格等）
管路	不建模	几何信息（基本路由、根数）	几何信息（基本路由、根数、所属系统）	几何信息（具体路由、根数）技术信息（材料和材质信息、所属的系统）	几何信息（具体路由、根数）技术信息（材料和材质信息、所属的系统）产品信息（供应商、产品合格证、生产厂家、生产日期、价格等）

RH热水回水系统

DX低区消火栓系统

F废水系统

GX高区消火栓系统

J1低区给水系统

J2中区给水系统

J3中高区给水系统

RJ热水给水系统

J4高区给水系统

T通气系统

W污水系统

YF压力废水系统

YP压力污水系统

YY压力雨水系统

ZJ中水给水系统

Y雨水系统

ZP自动喷淋系统

RFJ人防给水系统

RM热煤给水系统

RMH热媒回水系统

冷、热水供水管	消火栓管	强电桥架
冷、热水回水管	自动喷水灭火系统	弱电桥架
冷冻水供水管	生活给水管	消防桥架
冷冻水回水管	热水给水管	厨房排油烟
冷却水供水管	污水-重力	排烟
冷却水回水管	污水-压力	排风
热水供水管	重力-废水	新风
热水回水管	压力-废水	正压送风
冷凝水管	雨水管	空调回风
冷媒管	通气管	空调送风
空调补水管	窗玻璃冷却水幕	送风/补风
膨胀水管	柴油机供油管	
软化水管	柴油机回油管	